Secret of Swallow

ツバメのひみつ

著 長谷川 克　監修 森本 元

緑書房

口絵1　ツバメのメス(左)とオス(右)。オスの方がメスより喉の色が濃く、尾羽が長く、またシュッとスマートな体型をしている。第1章38頁参照。

口絵2　水田の上を長い翼で流れるように飛ぶツバメ。悪天候時などは草地の上など地表近くで採餌することが多い。第1章27頁参照。

口絵3　尾羽のとても細長いオス。
第1章38頁参照。

口絵4　さえずり中のオスのツバメ。
口の中は黄色。第1章39頁参照。

口絵5　ハクセキレイ（左）とツバメ（右）。足の長さが段違い。第1章29頁参照。

口絵6　ツバメの翼は長く尖っていて(上)、同じ鳥類でも短く丸い翼をもつスズメとは大きく異なる（右)。第2章58頁参照。

口絵7　ツバメの仲間は他の小鳥と同様、歩いたり電線に止まるのに適した足の形をしているが（左：リュウキュウツバメ)、アマツバメの仲間には、歩いたり電線に止まるには適していない足をもつものも多い。その代わりしがみつくのには適している（下：ヒメアマツバメ)。第1章31頁参照。

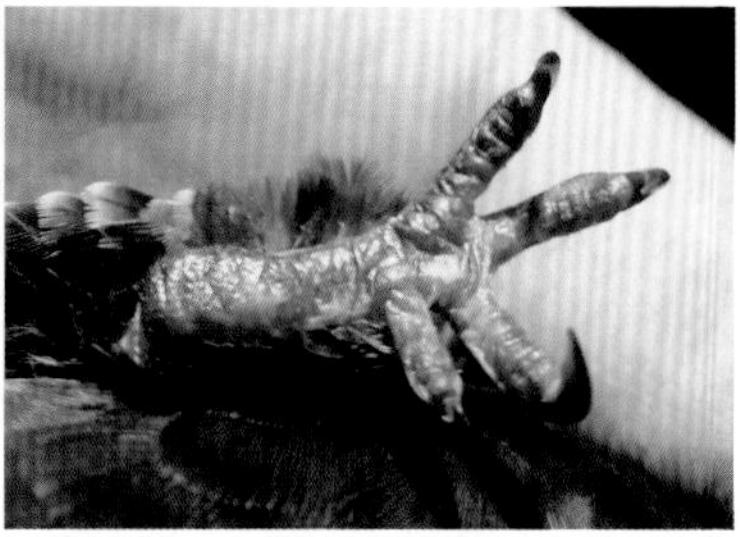

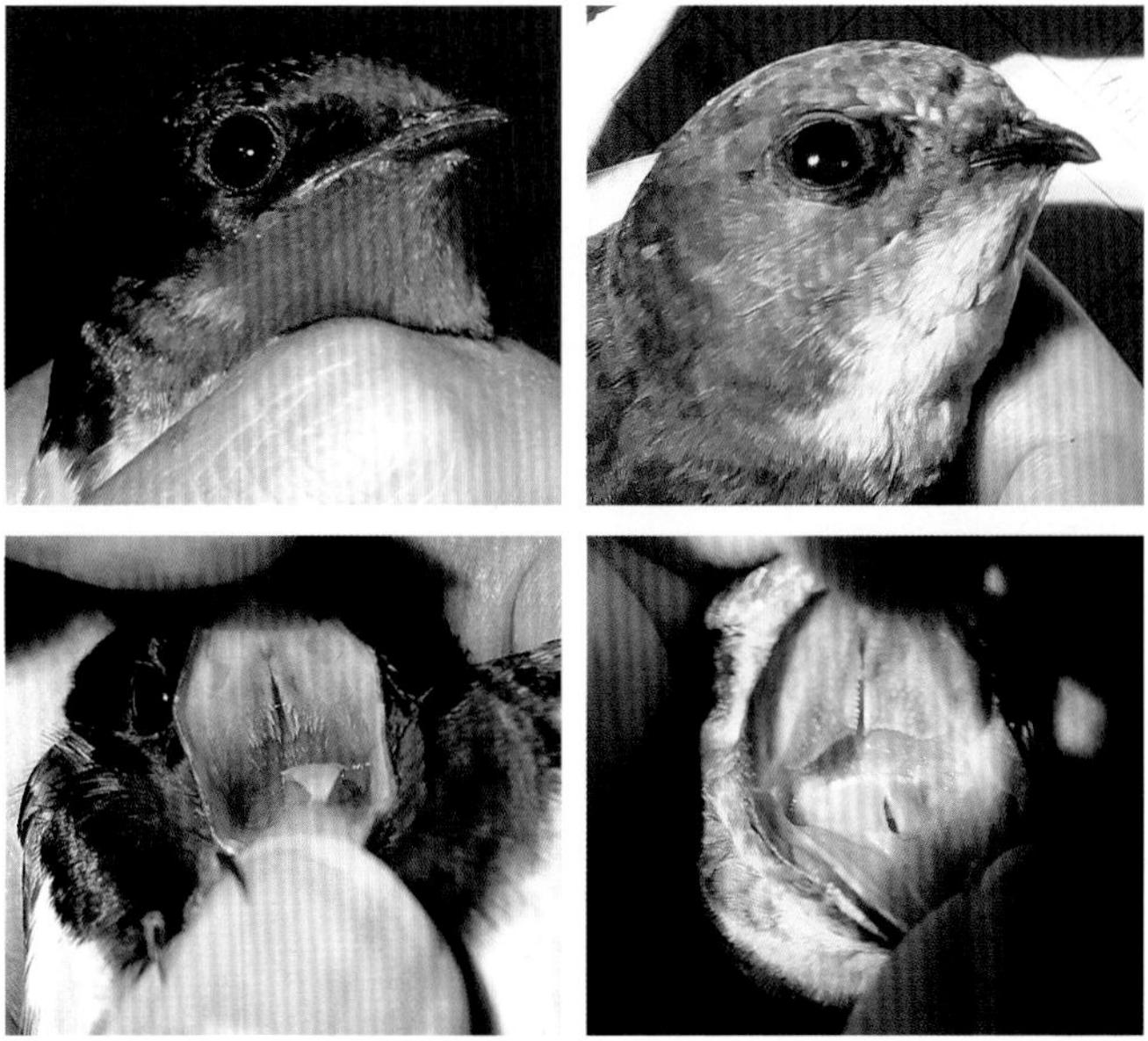

口絵8　ツバメの顔（左上）とヒメアマツバメの顔（右上）のアップ。ツバメの仲間もアマツバメの仲間も空中採餌に特化しているが、なんとなく顔の印象が違う。口の構造と色も違う(左下がツバメ､右下がヒメアマツバメ)。第1章32頁参照。

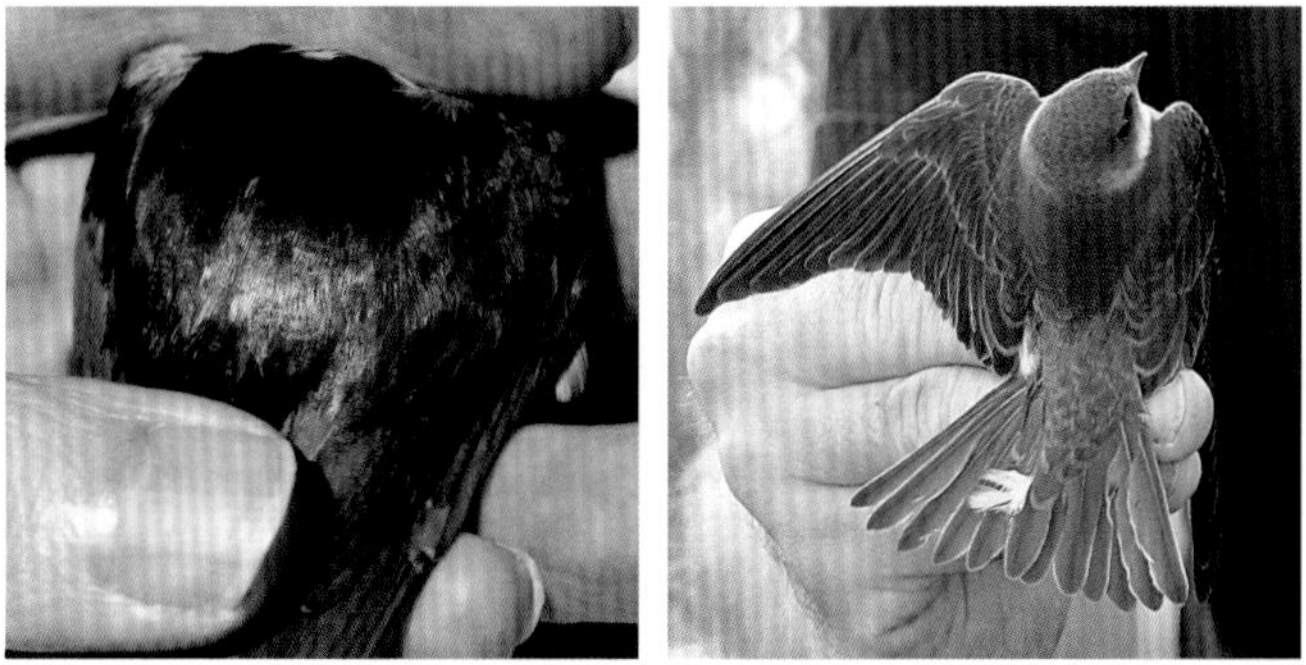

口絵9　ツバメの仲間は、左の写真のツバメのように背面の色が基本的に濃く、羽毛の微細構造により黒地に青や緑の金属光沢があるものが多いが、ショウドウツバメ（右）のように灰色がかって光沢のない種もいる。第3章83頁参照。

口絵10　羽毛には、よく見るとシマシマの成長線がある。第7章228頁参照。

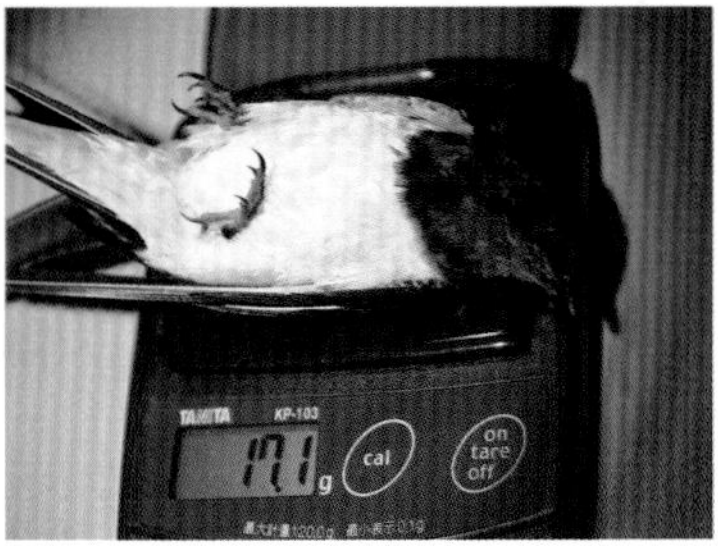

口絵11　ツバメの体重測定。ツバメは、あおむけに置くとびっくりしたように動きを止めるので、簡単に体重が調べられる。体重は時期や天候によって左右される。第2章72頁参照。

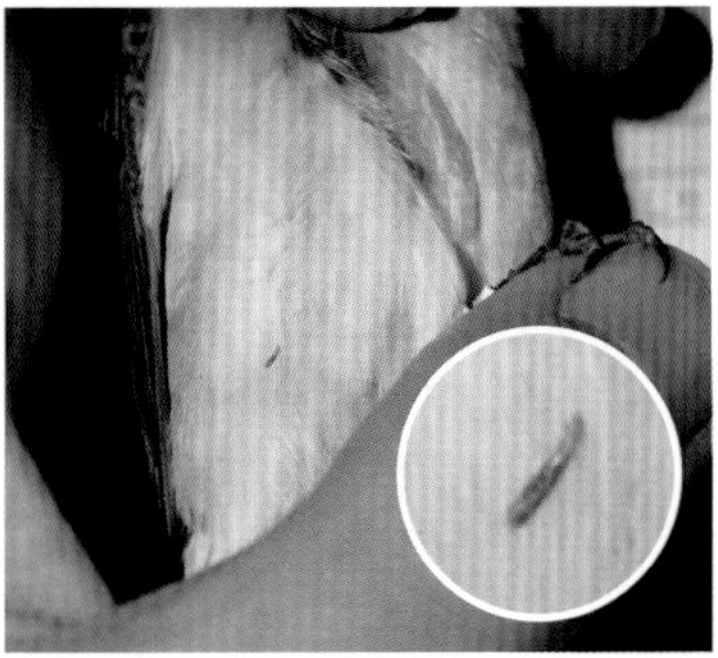

口絵12　ツバメに寄生するハジラミの一種とその拡大図（ワイプ）。右上が頭部で、左下の黒い部分が腹部。第6章コラム参照。

口絵13　ツバメに寄生するシラミバエの一種。腹部が小さく、脚が太い上に、扁平な体（ワイプ）をしており、イエバエなどの普通のハエと印象が大きく異なる（一緒に写っているのは爪楊枝）。第6章コラム参照。

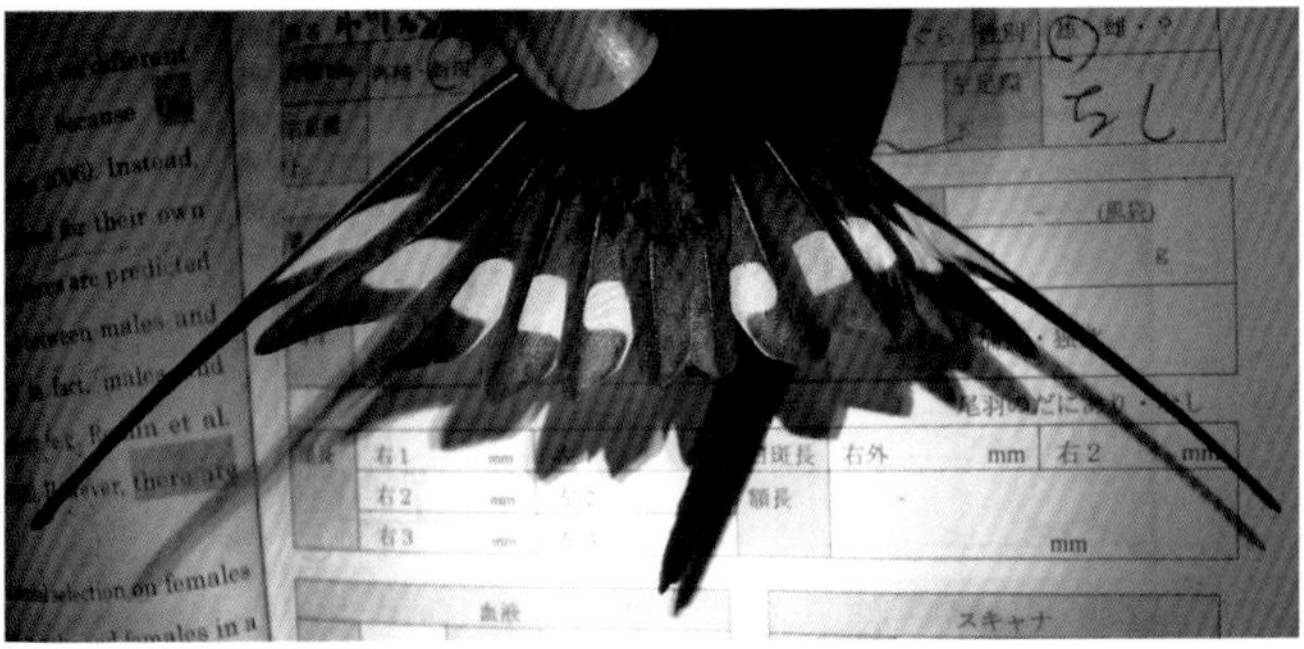

口絵14　ツバメのオスの尾羽のアップ（背中側から見たところ）。中央の2枚の尾羽以外には白い斑があり、この斑の大きさはメスを引きつける上で重要とされる。一番外側の尾羽は突出して長くなっている。第3章83頁参照。

口絵15　ツバメのメスの尾羽のアップ（腹側から見たところ）。白斑が小さく、一番外側の尾羽も比較的短いが、オスと区別のつきにくいメスもいる。第3章83頁参照。

口絵16　コシアカツバメが尾羽を開いたところ。ツバメと違って、コシアカツバメの尾羽には白斑がない。第3章83頁参照。

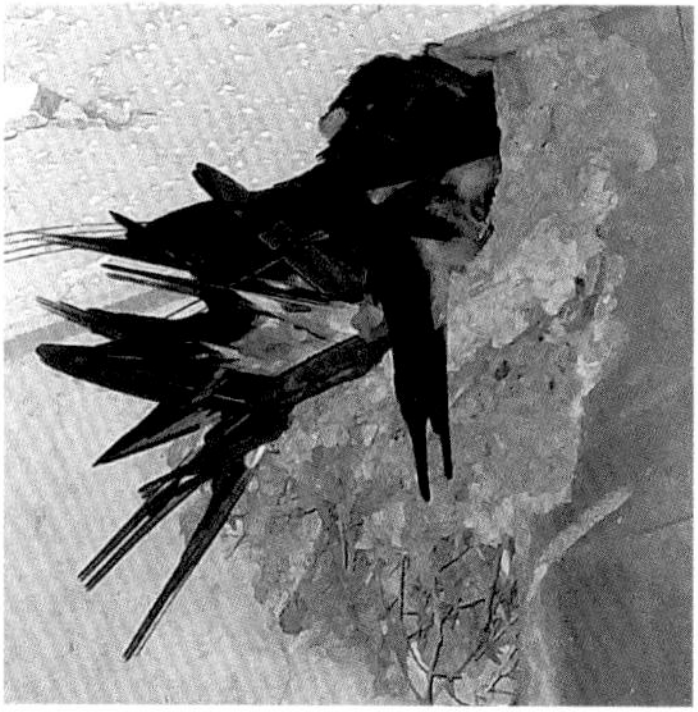

口絵17　繁殖期初期に集団で暖をとるツバメ。普段1つの巣は1ペアが占有するが、あまりに寒い夜は、このようにみんなで身を寄せあって、暖かくして眠る。第3章87頁参照。

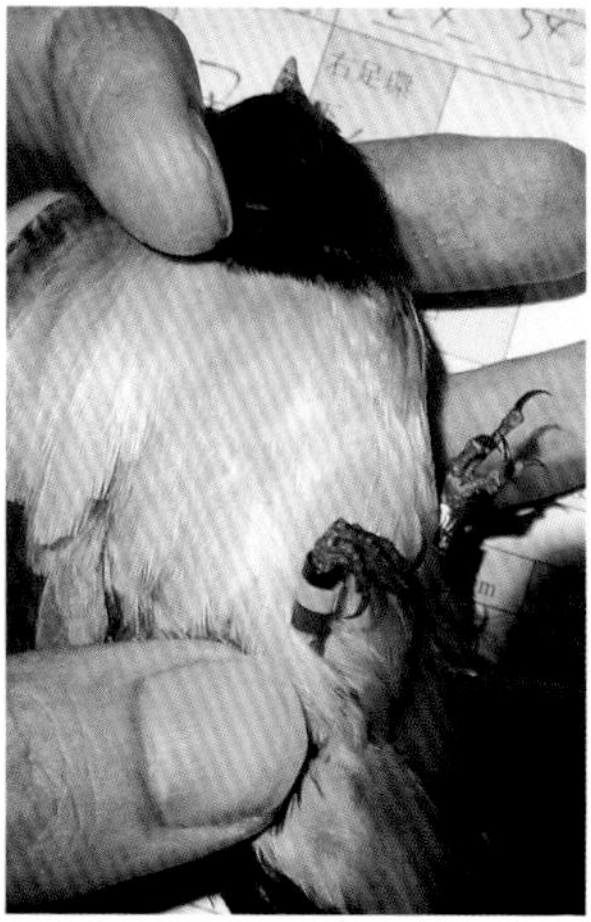

口絵18　足環をつけたオス。足環の色の組み合わせで個体が特定できる。左足に光るのはアルミのリングで、刻まれた番号などからどこの誰か分かるようになっている。第3章102頁参照。

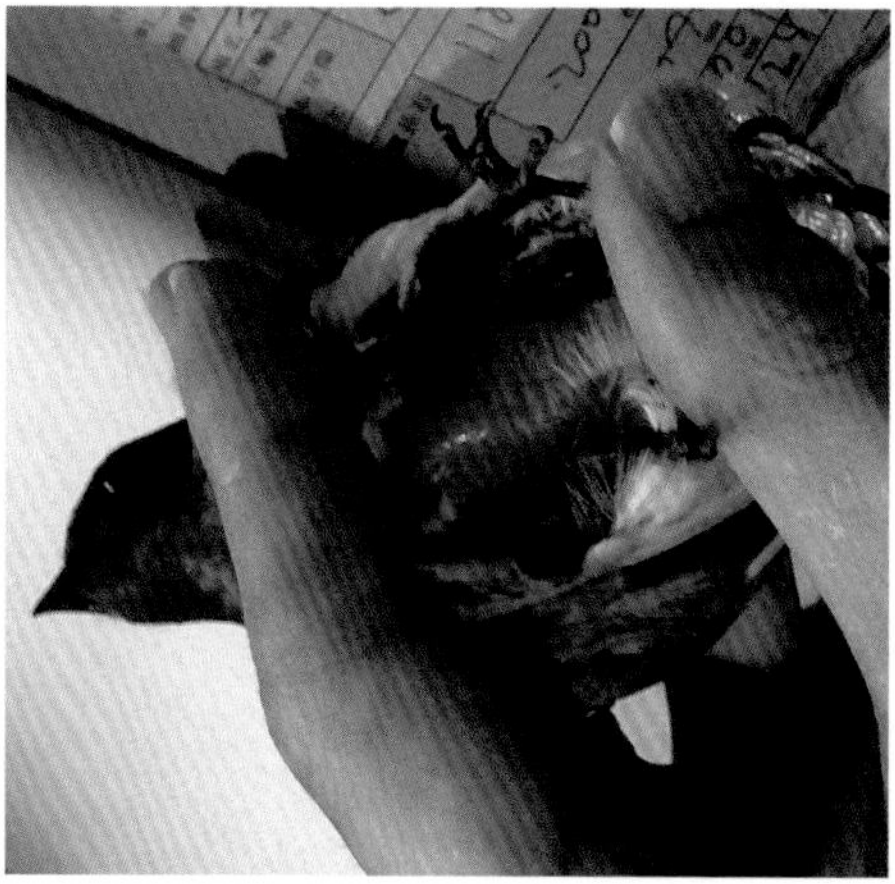

口絵19　メスは卵を産むと腹側の羽毛が抜け、皮膚でじかに卵を温められるように、血管が集まって熱を発するようになる（赤くて痛そうに見えるが怪我をしているわけではない）。第4章124頁参照。

口絵20　上の写真はヨーロッパのツバメで、喉の赤い部分が小さい（左：メス、右：巣立ちしてかなり日数が経過したヒナ）。右の写真のように、日本でも喉の赤い部分が小さいツバメがいる（写真はオス）。第5章148頁参照。

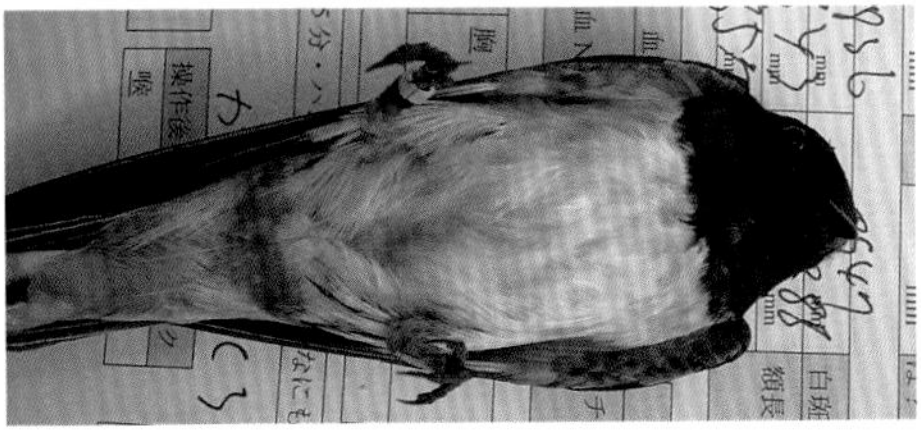

口絵21　アメリカのツバメは下面の赤い個体が多い（左）。日本のツバメは下面の白っぽい個体が多いが、アメリカのツバメのように下面がかなり濃い個体もいる（上：写真はオス）。第5章153頁参照。

口絵22　ヨーロッパのツバメ（左）と北アメリカのツバメ(上)のイラスト。出典：上：Auduborn JJ (1827-1830) The birds of America、左：Sharp & Wyatt CW (1885-1894) A Monograph of the Hirundinidae or Family of Swallows。 第5章148頁参照。

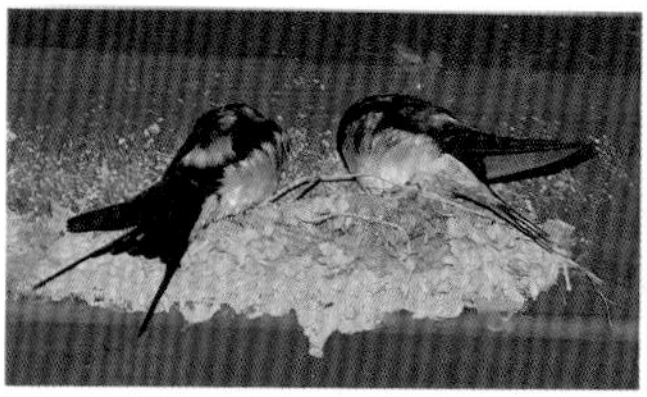

口絵23　巣場所で眠るペア（左：オス、右：メス）。第3章87頁参照。

口絵24　交尾を試みるオス（上）と受け入れないメス(下)。第3章80頁参照。

口絵25　ツバメの卵には斑点模様がある（巣から落ちたものを撮影)。第4章118頁参照。

口絵26　孵化したばかりの赤いヒナと卵。第4章123頁参照。

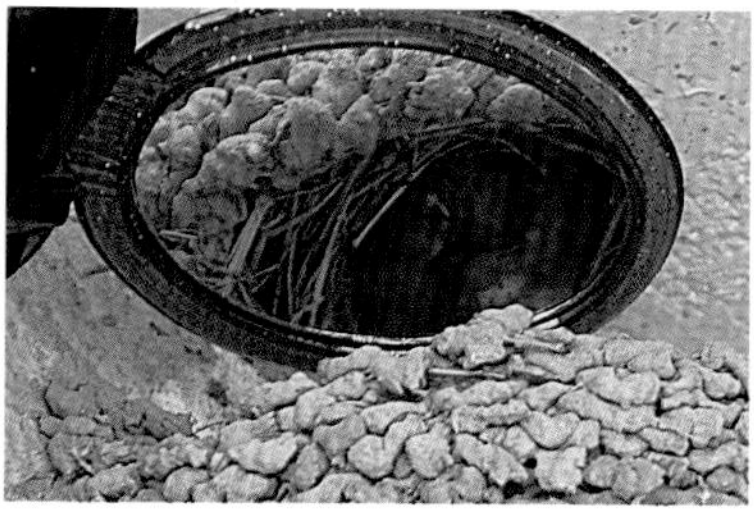

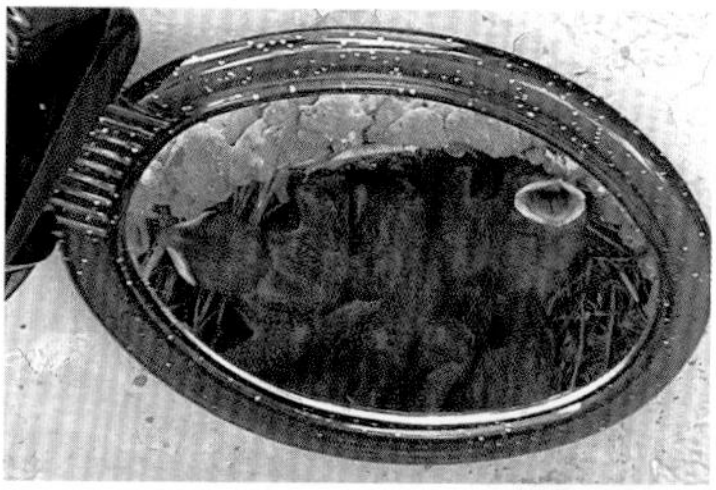

口絵27　孵化後何日か経って黒くなってきたヒナ。第4章126頁参照。

口絵28　孵化後10日くらい経って巣から頭を出すヒナ。第4章126頁参照。

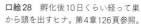

口絵29　孵化後13日のヒナ。まだ巣にうずもれている。おまけの章276頁参照。

口絵30　孵化後16日のヒナと餌を与える親。16日ごろから「ツバメ感」がしっかりして、飛べるようになってくる。ヒナの拡大写真はおまけの章276頁参照。

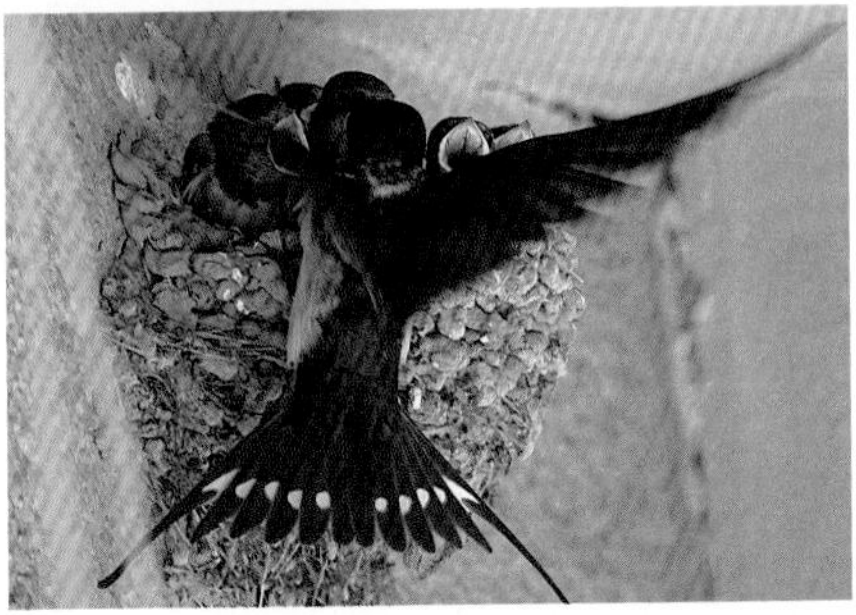

口絵31　巣の中にいる孵化後19日のヒナ（左上）と巣立ちビナ（矢印）、警戒する母親（左下）。紐はカラスよけ。第4章136頁参照。

口絵32　巣立ちしたばかりのヒナはまだ燕尾ではない。第4章136頁参照。

口絵33　まだあどけなさが残る巣立ちビナ。燕尾は浅く短い。第4章136頁参照。

口絵34　巣立ちビナは親鳥が普通止まらないようなひさしの上などに止まっていることがある。第4章136頁参照。

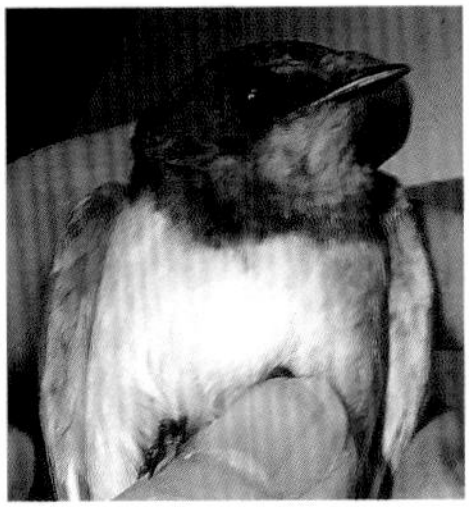

口絵35　喉の羽毛を換羽中のツバメ（換羽前の幼鳥の淡い羽毛と換羽後の濃い羽毛がまだらになっている）。第7章224頁参照。

口絵36　尾羽を換羽中のリュウキュウツバメ。伸長中の羽毛の根元が白く覆われているのが分かる。第7章224頁参照。

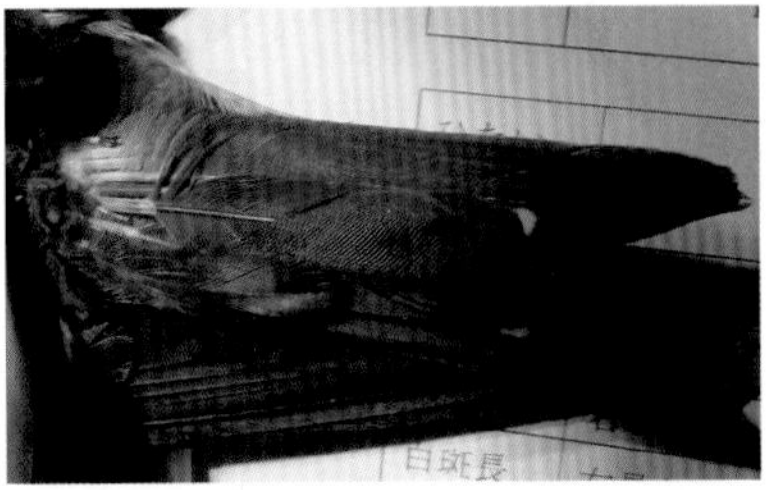

口絵37　換羽中の翼（上）は不揃いになるので、よく見ると野外でも気がつく(右)。写真はどちらもリュウキュウツバメ。第7章224頁参照。

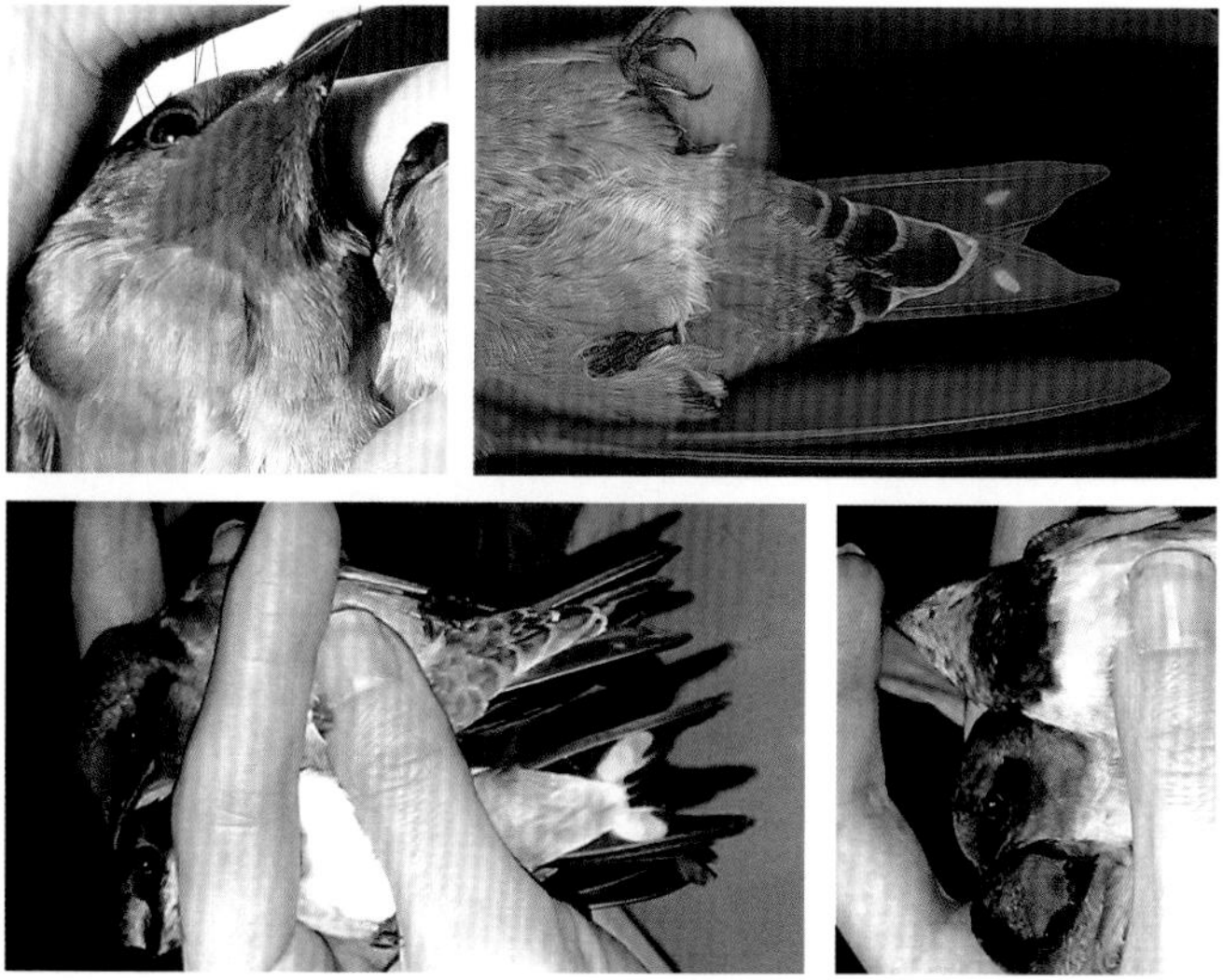

口絵38　リュウキュウツバメの喉は赤い部分がとても大きい（左上）一方で、ツバメよりはるかに尾羽が短く、腹側の羽毛の色や模様もツバメとは違う（右上）。ツバメの幼鳥と比べても、これらの特徴で区別できる（左下、右下）。換羽の時期も違っており、写真ではツバメのみ換羽中で、喉にも巣立ちビナの羽毛が残っているため、色がまだらで薄い。第7章210頁参照。

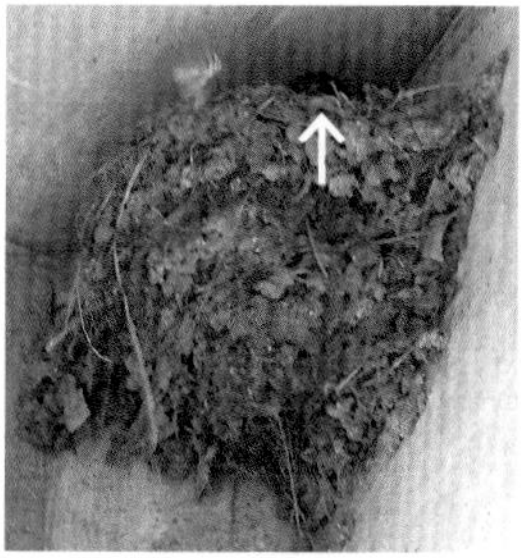

口絵39　リュウキュウツバメの巣（矢印部分に巣立ち間際のヒナが見える）。第7章220頁参照。

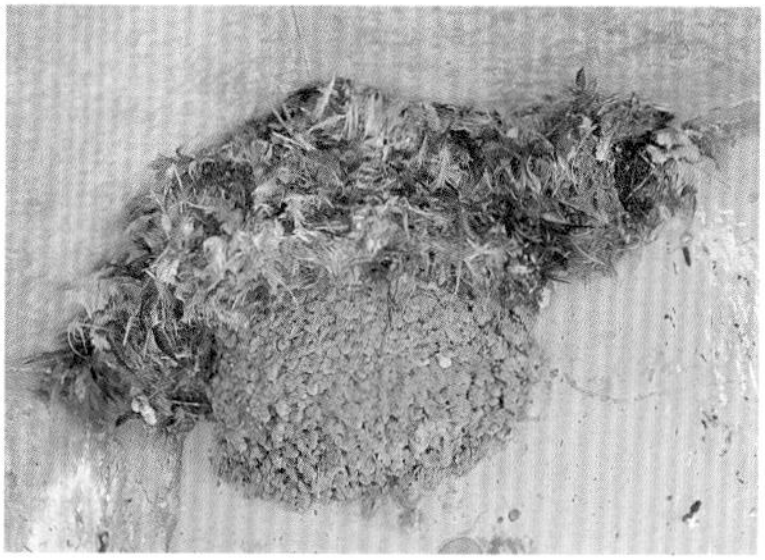

口絵40　リュウキュウツバメの巣はしばしば他の鳥類に乗っ取られる（写真はヒメアマツバメの巣に改造されてしまったもの）。おまけの章264頁参照。

口絵41　キンカチョウ(上)、オウサマペンギン(左上)、マカロニペンギン（左下）。第3章111頁参照。

口絵42　オオバンの親子。バンの仲間のヒナは派手な羽毛をもち、アメリカオオバンでは実際に親を惹きつける機能が示されている。Gould (1873) The birds of Great Britainより抜粋。第4章131頁参照。

口絵43　Spring Frescoと名づけられた壁画の一部にツバメが登場する（紀元前1500年頃、ギリシャ)。闘争中と考えられるが、巣立ちビナへの給餌中との説もある。Thera Foundationより許可を得て掲載（Ch. Doumas, The Wall Paintings of Thera, Idryma Theras-Petros M. Nomikos, Athens 1992)。第6章198頁参照。

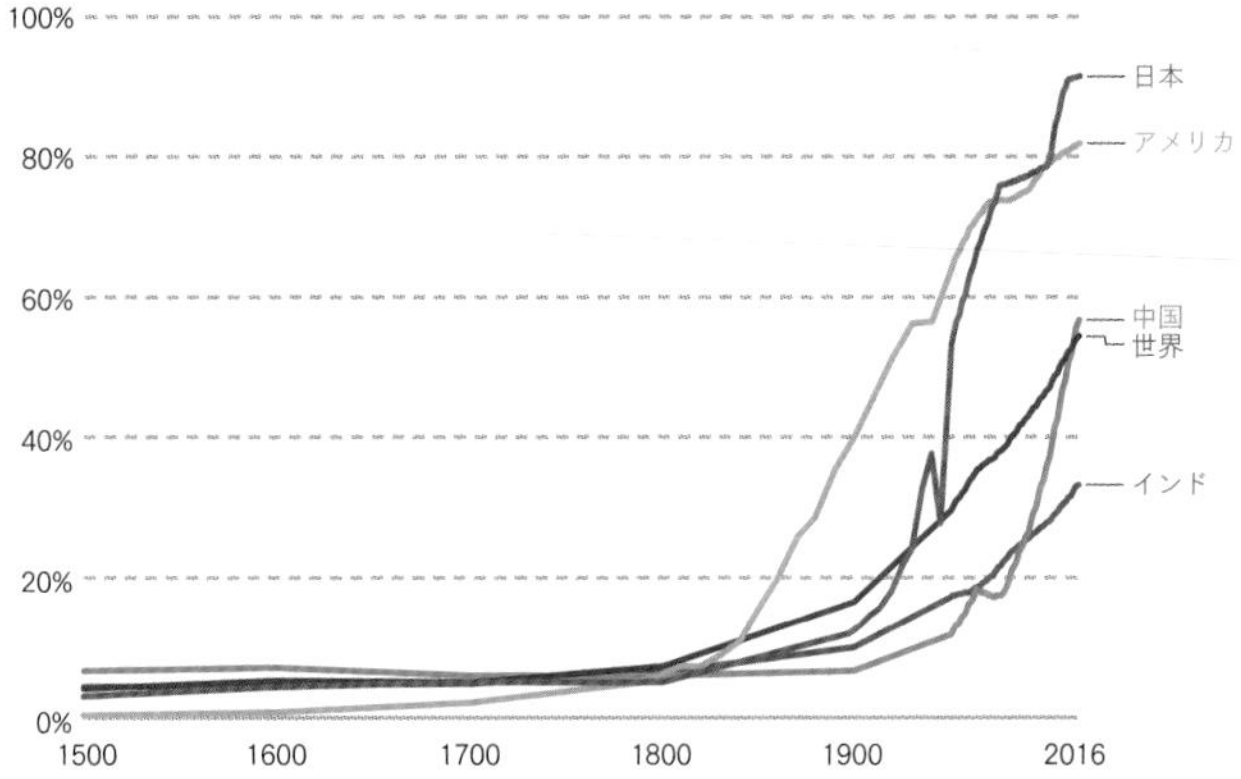

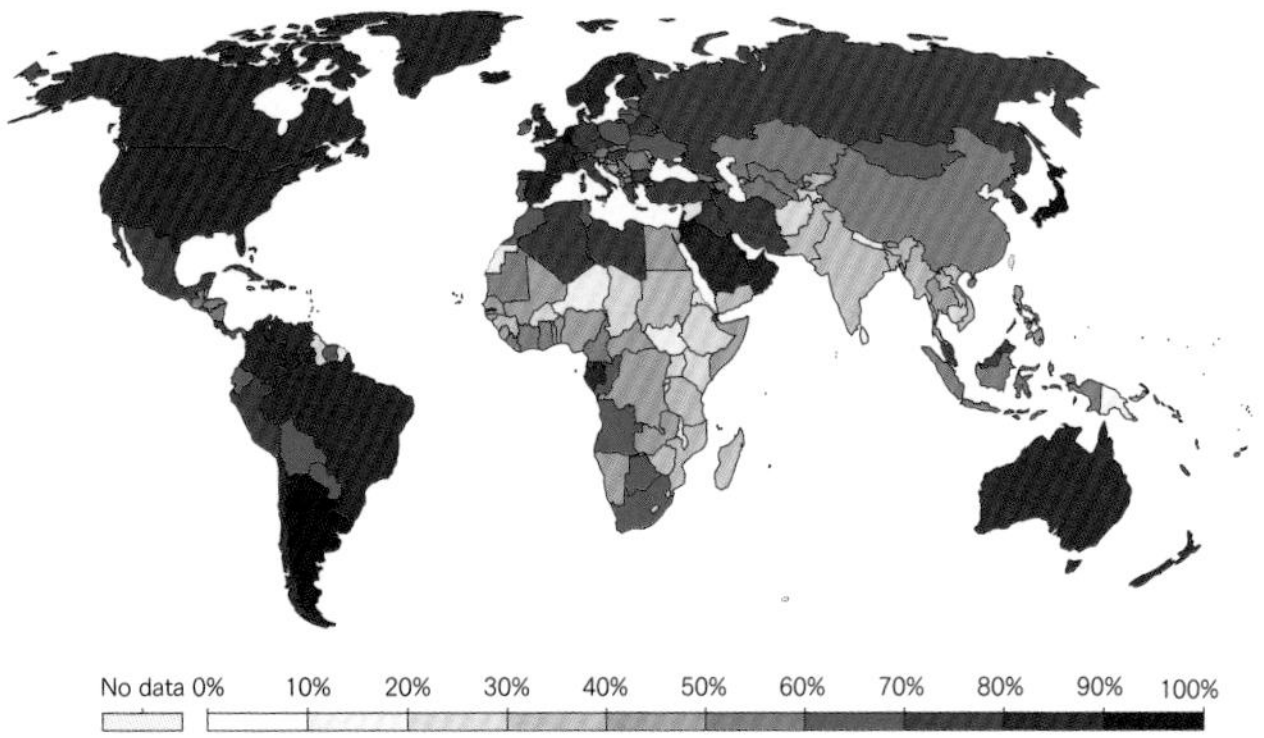

口絵44　都市化の急速な進行。都市に住む人の割合が近年急速に増えていることを示した図（上）と2017年時点での各国の都市化の進行度合いを示した図（下）。Ritchie and Roser (2019) Urbanization. Published online at OurWorldInData.orgから図の一部を抜粋（Retrieved from: 'https://ourworldindata.org/urbanization'）。第8章246頁参照。

はじめに

これまで長い間、ツバメを調べてきました。２００４年に大学を卒業してから今日までなので、15年以上にわたってツバメの研究を続けてきたことになります。調査地では、「よくまあ何年も飽きないで続けられるね」と呆れられますが、実際、調べれば調べるほど、おもしろいことが分かってきます。

ツバメの基本的な生態もさることながら、飛翔のこと、恋のこと、子育てのこと、冬の暮らしのことなど、いずれの側面でも際限なく疑問が湧き、答えを見つけるほどに新たな疑問が湧いてきます。「ツバメならきっとこうするだろう」と見当をつけて研究を進めても、予想外の対処法を目の当たりにして、「そうきたか」と苦笑したり、驚かされたりしっぱなしで、ちっとも飽きません。

本書の監修者である森本元博士から、「ツバメの本を書いてみない？」とご連絡いただいた際、考えるまでもなく「ぜひ！」とお返事したのは、そんなツバメの興味深い生き様を、もっと多くの人に知ってもらいたかったからです。単純に、自分がおもしろいと思うものをみんなにもっと知ってほしいという、ファンの心理と言えるかもしれません。

既にたくさんのツバメの本が出版されているとはいえ、きちんと体系だったものは少なく、またここ数年で急速に発展した興味深い研究の数々も、ほとんど触れられていないように感じていたところでした。本書を通じて、これまで研究者くらいしか知らなかったツバメの「秘密」を少しでも共有できたらうれしい限りです。

本書は進化学、生態学、行動学など、個体レベル、集団レベルの話が主体になっています。幸いなことに、これらの分野は専門知識をとりわけ必要とせずに理解できるものが多いので、窮屈にならずに読み物として楽しんでいただけるかと思います。

とはいえ、体内の細胞レベル、遺伝子レベルの話が楽しくないわけではありません。これらについても研究が進んでいるので、最前線の専門家お二人（若松一雅博士と新井絵美博士）にお願いして、興味深い事例をコラムで分かりやすく紹介していただいています。

私自身も、本文中には収まりきらなかった、ちょっとディープなよもやま話をコラムで紹介しています。「ツバメ」を巡る多角的な視点と話の広がりを楽しんでいただければと思います。

執筆に関しては、これまで論文をたくさん書いてきたのでスムーズに進められると考えていましたが、大間違いでした。さまざまな制約を免除される学術論文とは違って、著作権や諸々の煩雑な手続きがあり、編集部の方々には多大なご迷惑をおかけしてしまいました。

また、研究者の内輪で通じればよい定型化された論文とは違い、本書の執筆には読みやすさや文章表現のために、入念に手を入れていただきました。編集部、特に担当編集者の秋元理さん、また研究者の立場から私のこだわり（わがまま）を聞いていただいた森本元博士には、いくら感謝してもしつくせません。この場を借りて御礼申し上げます。

図については、既存のものを修正してなるべくたくさん掲載させていただきました。これは単純に、私自身が文章よりも図で視覚的に捉えるのが好きなためです。Piotr Matyjasiak 博士、Elizabeth Scordato 博士、群馬県立自然史博物館、Thera Foundation、University of Glasgow、九州大学には貴重な図を快くお貸しいただき、ただただ感謝です。ヨーロッパのツバメの写真についても、Sari Raja-aho 博士、Petri Suorsa 博士、Jari Lehto さんの野外調査に同行させていただいたおかげで、よい写真が撮れました。図の選定では、Angela Turner 博士にもお世話になりました。清水隆史さんにはメダカやフナの撮影で大いに助けられました。もちろん、新潟県上越市、石川県鶴来町、宮崎県宮崎市、神奈川県横須賀市周辺、鹿児島県奄美大島全域の調査地の皆様のご協力なしには、この本どころか、研究そのものが立ち行きませんでした。改めて御礼申し上げます。

たくさんの方にご協力いただき、図や文章に手を入れていただいたとはいえ、もしまだ誤解を招く箇所や不快な表現など残っていましたら、それは著者の責任ですので、ここに明記させていただきます。

本書はあくまで一般向けの書籍であり、専門家の方が読むと、背景説明が不十分なところや、学術的なおもしろさが満足に伝わっていないところ、あるいは、もっと掘り下げられるところがそのままになっている箇所もあると思います。もちろん本書で興味をもっていただき、もう少し深くていねいに知りたい事象もあるでしょう。こういった事情に備えて、本書では「もっとよく知りたい方へ」として、書籍や論文などの参考文献を巻末で紹介しています。ご活用いただけますとうれしいです。
ツバメについて、いくばくかの好奇心をおもちの方が本書を手に取られたことと思います。著者としましては、本書がその好奇心をくすぐり、また新たな好奇心をはぐくむ土壌となることを願っております。

2020年1月

長谷川 克

目次

第1章

ツバメとは?

スズメとの違い

「ツバメを研究している」と言うと、皆さんわりと好意的に受け止めてくださいます。どういう研究をしているのか、なんでその研究を始めたのかなど、興味をもってくださり、話が弾むこともよくあります。

ですが、話をしているうちに「で、スズメは結局どういう鳥なの」といった感じで、いつのまにかツバメがスズメに置き換わってしまうことがあります。これは単に、スズメとツバメの語感が似ていて言い間違えてしまうことによるのですが、結局のところ、ツバメのイメージが曖昧で、ツバメという名前と結びつきにくい、いわゆる「顔と名前が一致しない」ところから来ている気がします。

どちらも同じような大きさの身近な野鳥であるという共通の特徴も、両者の混同に拍車をかけているのでしょう。英語でもスズメがsparrowでツバメがswallowと似たような名前で、ますます混乱します（映画『パイレーツ・オブ・カリビアン』の主人公キャプテン・ジャック・〝スパロー〟がツバメの刺青をしていたりと、洋の東西を問わず紛らわしい鳥なのかもしれません）。

そこでまずは、スズメとの目立った違いを挙げて、ツバメ像をシャープに絞っていきたいと思います。

図1-1にツバメとスズメを対比させました。見た目としてはスズメが茶色く、ずんぐりして素朴な印象をもつのに対し、ツバメは黒っぽく、

図1-1　ツバメ（上）とスズメ（下）の見た目の違い。全体的にツバメの方がスマートできゃしゃな印象をもつ。平均体重はツバメが20g程度、スズメが24g程度と、スズメの方がやや重いが、ほとんど同じ重さ。

シュッとしていて、スマートで洗練された印象をもちます。第2章でお話しするように、この体型の違いは飛翔行動の違いを反映していて、スズメが短い翼でバタバタ飛ぶのに対し、ツバメは長い翼で流れるように空中を自由自在に飛ぶことと関連しています。スズメに典型的な「小鳥」感がある一方でツバメに独特の印象をもつのは、この高度に特化した飛翔性能と、それに見合った翼によるところが大きいように思います。

逆に、ツバメは足がとても短いので(たったの1cmです)、スズメよりきゃしゃな感じがします。スズメと違って地上に降りることはあまりなく、よちよちとしか歩けません(図1-2)。

見た目や移動様式以外にも、スズメが一年中同じ場所で見られる「留鳥《りゅうちょう》」であるのに対し、ツバメは春にやってきて、秋口になるといつのまにかいなくなってしまう「渡り鳥」だという違いもあります。結果として、身のまわりで見られる期間は、渡り鳥のツバメの方が短くなります。ただ、ツバメは玄関先など、すぐ目の前にカップ状の巣を作って子育てするため、家屋の隙間などに密かに巣を作るスズメよりも繁殖が目に触れやすく、印象が強い方もいるでしょう。細かい違いを挙げるとキリがないですが、ざっ

図1-2 地上を歩くツバメ。基本的に地上を歩くことはあまりないが、繁殖期初期には巣材を集めるために地上に降りているのを見かける。地上の虫をつつくこともある。

とこのような違いがあります。

ちなみに、「燕《つばめ》」という漢字は、ツバメが翼を広げて飛ぶさまを表す象形文字です。一方の「雀《すずめ》」は、〝小さい（小）、尾の短い鳥（隹）〟という意味ですので、迷ったら漢字を思い浮かべるのもよい手かもしれません。

その他、市街地に住む身近な鳥としては、２種のカラス（ハシブトガラス、ハシボソガラス）とハト（キジバト、ドバト）、ムクドリ、ヒヨドリなどがいますが、いずれもツバメより大きいので、混同することはあまりないと思います（図１-３）。

セキレイの仲間（ハクセキレイ、セグロセキレイ）は同じようなサイズ感で色合いも似ているため、他の鳥よりもツバメと間違いやすいと思います。ただ、基本的にセキレイの仲間は地上にいて、長い足ですばやく歩いて地表の虫などを食べているので、体ががっしりしています。飛翔昆虫を食べるツバメとは、動きも

図1-3　スズメ以外の身近な鳥の例（①ハシボソガラス、②ムクドリ、③ヒヨドリ、④ハクセキレイ）。ムクドリの写真はツバメの古巣から産座（羽毛）を盗んでいるところ。ハクセキレイの写真では親の右にヒナも写り込んでいる。

見た目も違います（口絵5参照）。

セキレイの一般的な認知度は、スズメなどに比べると低いかもしれませんが、よく尾羽をフリフリしているので、「ああ、あの鳥か」とご存じの方も多いことでしょう。地味ながら、『日本書紀』にも登場しています。イザナギとイザナミに子作りのコツを教える、やんごとない鳥です。

他人の空似、アマツバメ

ツバメは容姿と飛び方が特徴的な鳥なので、慣れてしまえば、他の身近な小鳥と見分けることはわりと簡単です。かなり遠くからでも、独特の流れるような飛び方で、たいていの鳥と区別できます。

しかし、なかには、ほとんどツバメと区別できないほど似ている鳥もいます。それがアマツバメの仲間です。アマツバメはツバメに似ていますが、ツバメの仲間ではなくハチドリに近い仲間で、ツバメと同じように飛翔昆虫を捕まえて食べる生活に適応した結果、非常によく似た見た目を得るに至ったと考えられています（図1-4）。

アマツバメより前述のスズメやカラス、ムクドリ、セキレイなどの方が、見た目は似ていなくともツバメと近縁であることが分かっていますので、近しい関係だから姿が似ているというわけではありません。

ツバメとアマツバメはどちらも空中採餌《さいじ》に適した姿をしていますが、アマツバメはツバメよりさらに飛翔生活に特化しています。ツバメは短い足で電線で休んでいる姿をよく見ますが、アマツバメの仲間は何かに止まったりすることがほとんどなく、交尾などの種々の活動から睡眠まで、全て飛びながらこなすものもいるようです（10カ月連続で飛び続けたという記録もあります）。

ツバメは視覚を使って餌をとりますが、アマツバメの仲間には、コウモリのように音波の反響をレーダーのように使って餌をとるものも知られています（専門用語でエコーロケーションと言います）。ツバメと比べて翼がより長く発達していて、遠くから見ると鳥というより1枚の三日月が舞っているように

図1-4　アマツバメ（上）はツバメの仲間ではなく、ハチドリ（下）に近い仲間。

見えるため、慣れれば飛ぶ姿で区別することができます。

なお、アマツバメの仲間はあごが弱いので、飛翔筋のあまり発達していない柔らかい虫を好み、これらの虫が上昇気流で運ばれる上空で採餌することが多いようです。ですから、わりと低めを飛び、電線などに止まったりするツバメっぽい鳥は、基本的には（アマツバメの仲間ではなく）ツバメの仲間と考えていいと思います。

ツバメの仲間

「ツバメの仲間」とここで記したのは、私たちがよく目にする普通のツバメには、形態や飛翔行動がよく似た、近縁な種類がたくさんいるためです。専門的には、ツバメの仲間というのはスズメ目《もく》ツバメ科に属する鳥の総称です。ツバメ科などと堅苦しく表現すると難しく感じますが、「科」とは、英語の family に日本語を当てたものなので、単にツバメファミリー（＝ツバメの仲間）と捉えていただければ大丈夫です。

スズメ目というグループには、前述のスズメやムクドリなど、多くの鳥が含まれますが、ツバメの仲間は比較的ヒヨドリに近く、全種が空中生活によく適した形態をしていて、飛翔昆虫を食べます。地球上には70種を超えるツバメの仲間がいて、南極大陸を除く全ての大陸にいずれかの種が分布していますが、日本に生息するのはそのうち5種にすぎません。

日本で見られる5種のうち、北海道で繁殖するショウドウツバメと奄美《あまみ》・沖縄など琉球《りゅうきゅう》列島で繁殖するリュウキュウツバメを除くと、全国的に見られるのはツバメ、イワツバメ、コシアカツバメのわずか3種です（**図1-5**）。イワツバメは尾の短い黒と白のツートンカラーの鳥で、「チュリチュリ」と鳴いてかわいらしい印象があります。少し小さい鳥ですが、ツバメの仲間らしく軽やかに飛びます。コシアカツバメ

図1-5　①リュウキュウツバメ、②コシアカツバメ、③イワツバメ、④ショウドウツバメ。コシアカツバメは普通のツバメによく似た燕尾をもつが、実はツバメよりイワツバメに近縁で、普通のツバメとは独立に燕尾を進化させたと考えられている（第2章参照）。逆に、この4種のなかではリュウキュウツバメがツバメに最も近縁だが、リュウキュウツバメには燕尾がほとんど発達していない。

はツバメに似ていて、よく発達した深い燕尾をもちます。ツバメより少し大きく、わりとゆっくりと飛ぶ鳥で、名前の通り腰が赤いのが特徴です。

カップ状の巣を作るツバメと違って、イワツバメとコシアカツバメはドーム状のしっかり覆われた巣を作ります（図1-6）。ですから、鳥の姿がよく見えなくても、カップ状の巣を使っているなら普通のツバメ、ドーム状ならイワツバメかコシアカツバメというふうに、巣を見ればもち主の種類が特定できます（イワツバメとコシアカツバメの巣も、よく見るとドームの形の違いで見分けられます）。3種のうち、普通のツバメが一般的には最も身近で、軒先に巣をかけることが多いですが、他の2種も軒先で繁殖することがあるので、区別したいときには、巣の場所より巣自体の形に着目すると確実だと思います。

日本国内でも南西諸島（奄美・沖縄）には普通のツバメが繁殖せず、代わりに尾羽の短いリュウキュウツバメが留鳥として年中滞在しています。見た目がツバメによく似ていて巣もカップ状なので、普通のツバメと同一の生物だと思われがちですが、あくまで別の種です。種とは何かという話を始めると長くなってしまいますが、ひとまず、交尾して子孫を残していける集団だと捉えてください。リュウキュウツバメはツバメにとてもよく似ていますが、両者の間で交尾して子孫を残していくことはできません。

印象としては、リュウキュウツバメは普通のツバメよりも人に慣れていないように感じ、シャイな私としては、なんだか親近感があります。巣場所も人通りの多い場所は避けているようで、商店などより、むしろひとけのないガレージや橋の下などに巣をかけます。リュウキュウツバメについ

図1-6　上からツバメ、コシアカツバメ、イワツバメの巣。コシアカツバメとイワツバメは、民家などより、打ちっぱなしのコンクリートといった材質の高架などに巣を作ることが多い。コシアカツバメはとっくり状の巣を作るので、とっくりつばめと呼ばれることもある。

ては本書の後半で再度とり上げます。

北海道で繁殖するショウドウツバメは灰色の小さな鳥で尾羽が短く、川の土手などに穴を掘って繁殖します（図1－7）。民家の軒先などでは繁殖しないので、他の4種ほど身近な印象はないかもしれません。

オスとメス

ここからは、主に「普通のツバメ」について見ていきたいと思います。イワツバメやコシアカツバメ、リュウキュウツバメが身近にいる方は、これらの鳥についても当てはまることかどうか、あるいはスズメなどの他の鳥はどうか、観察して比較してみてもおもしろいかと思います。

ヒトでも男女に違いがあり、生き方も違うように、ツバメの雌雄も見た目、生活ともに違います。雌雄の話になると、ちんちんのついている方がオスで、おっぱいのついている方がメスだろう、と早合点されるかもしれませんが、小鳥には一般にちんちん（ペニス）も、おっぱい（乳房）もありません。飛ぶときに邪魔になるような外部生殖器はとっくに退化していますし、「哺乳《ほにゅう》」類と違って鳥類は乳で子を育てることもありません。し

図1-7　ショウドウツバメは崖に巣穴（いわゆる「小洞」）を掘って集団で繁殖する。

たがって、乳房もありません。

このように、ヒトを含む哺乳類の常識が、鳥など他の生物には通じないことがあります。よって、違うグループの生物を知る際には、まず頭を空っぽにして、その生物自体の性質を受け入れる必要があります。

自分のこれまでの常識から外れた生物の性質を知ることは新鮮ですし、逆にそうした生物との間に思わぬ共通点が見つかると、うれしく感じたりします。ヒトやイヌなど、よく見知った生物との違いや共通点を楽しんでいただければと思います。ちなみに、ヘビやトカゲなどの爬虫類でもペニスを見る機会がないと思いますが、あれは普段体の内側に裏返しにして格納しているだけで、ペニスそのものは存在しています。

「外部生殖器がないのに、どうやって雌雄を見分けるのか」と、一瞬不安になるかもしれませんが、心配無用です。鳥類はパッと見の特徴や行動の違いで、雌雄をおおざっぱに判別できます。ヒトでも外部生殖器でわざわざ確認しなくとも男女を区別できるのと同じで、コツさえ覚えれば鳥でも雌雄を判別できます。

ヒトでは男性より女性の方が化粧などしてきれいにしていますが、鳥類では一般的にオスの方がメスよりきれいで派手です。もちろん例外はありますが、クジャクもムクドリも、程度の差こそあれ、派手なのはオスです。

ツバメの場合はオスがメスよりも燕尾が深く、尾羽にある白い斑が大きく、喉の赤さが際立ち、背中の青い金属光沢も強いことが分かっています（口絵1、図1-8）。ただ、肉眼では燕尾以外の違いは分かりづらいので、一目で雌雄を区別するのは難しいかもしれません。それでも雌雄が電線などに並んで止まっていると、尾羽の長さを直接比較できるので、わりと容易に判別できます（写真に撮ると、より分かりやすいと思います）。

ツバメと同様、コシアカツバメもオスがメスよりも燕尾が深い傾向にあるのですが、ツバメの仲間でもリュウキュウツバメやイワツバメ、ショウドウツバメは、雌雄にそこまで差がありません。ちなみに、スズメも雌雄差はほとんどありません。

普通のツバメもヒナの間は雌雄差が分かりにくいですが、孵化《ふか》後16日ほど経つと見た目に違いが現れるようで、オスのヒナの方が喉の色がやや濃くなります。徐々に雌雄差がはっきりしてくるのは、ヒトと同じです。見た目でパッと区別がつかなくとも、がっかりすることはありません。

図1-8　ツバメのオスはメスより尾羽が長い。口絵1も参照のこと。

他の要素を使って雌雄を判別できます。特に、行動の違いは顕著です。

他の多くの鳥と同じように、ツバメはオスが繁殖のためになわばりを守り、さえずりを行うことでメスを呼んだり、他のオスをけん制したりします。したがって、さえずっているツバメはだいたいオスと思っていただいて大丈夫です。メスもまれにさえずりますが、オスに比べるとずいぶん下手くそです（なぜこのような雌雄の違いが生じたのかについては、第３章で詳しく説明します）。

「オスを見分ける方法だけでは、メスが見分けられないじゃないか」と言われそうですが、メスを見分ける方法もあります。卵を産むのはメスだけなので、産卵間近になると、メスは体重が重くなって飛び方が変わり、メスを見分けられるようになるそうです。私はこの方法でうまくいった試しがありませんが、興味ある方はよく観察して、トライしてみてください。

それから、オスがさえずりに精を出すように、メスは子育てに尽力するという特徴があります。ツバメは一夫一妻で、ヒトと同じように夫婦で子育てする鳥ですが、それでもメスの方が、抱卵《ほうらん》（卵の温め）、給餌《きゅうじ》（ヒナの餌やり）など、日々の子育てをがんばります。たとえば、夜間の抱卵はほとんどメスしかしませんので、日の入り後に巣を観察すれば、どちらがメスかすぐ分かります（**図1－9**）。

前述の方法で雌雄を8割方、判別できますが、パーフェクトに区別するには別の手段が必要になります。ヒトの場合でも、十中八九はすぐに性別が分かりますが、なかにはいまひとつ確信をもてないこともあります。

そもそも、オスはこういう特徴をもち、メスはこうだと明らかにするためには、何か絶対的な基準が必要になります。このような場合、昔は卵巣《らんそう》や精巣《せいそう》といった配偶子《はいぐうし》（卵や精子）生産器官を直接観察する必要があったのですが、現在では分子生物学の発達により、羽毛1枚、あるいはフン1つからでも、性染色体という遺伝子の集まりに着目することで、雌雄を簡単に判別できるようになりました。

「性染色体は聞いたことある、オスはXYで、メスはXXなんだろ」と考えた方もいるかもしれません。残念ながらハズレです。オスが2種類の性染色体（XとY）をもち、メスが1種類の性染色体（X）しかもたないのはヒトなどの哺乳類の場合で、これはXYタイプと呼ばれています。鳥類はその逆で、メスが2種類の性染色体（ZとW）をもち、オスが1種類

図1-9　抱卵するメスのツバメ。昼間の大部分と夜間はメスが抱卵する。

の性染色体（Z）しかもたないZWタイプという性決定機構になります。

つまり、鳥類と哺乳類は性別の決まり方という根本的なところからすでに違うということになります。鳥類も哺乳類も羽毛や毛で覆われていて、パッと見の雰囲気は似ていますが、本質はかなり異なる生物と思った方がよさそうです。

ツバメの一生

種や性別など、相手の身元が分かってくると、今度は相手がどういう生活を送っているのか気になるものです（意中の人の所属や名前が分かっただけでは満足できないのと似ています）。そこで、ツバメがどのような一生を歩む生物なのか、ここでざっと紹介します。各段階（ライフステージ）でどのようなイベントが生じているのかは後の章で詳しく見るとして、ここでは生まれてから死ぬまでのツバメの一生の流れを俯瞰します。

まず、卵として産み落とされると、ツバメも他の多くの小鳥と同じように、両親の手厚い世話と保護を受けて育ちます。卵から孵化してヒナになり、巣立ったのちに独り立ちします（**図1-10**）。この間およそ6週間で、親の世話なしでは卵からかえること（孵化）も、巣立つことも、独り立ちすることもできません。そして翌年以降は、我々のように自分探しのモラトリアム期間（半分子ども、半分大人の宙ぶらりん期間）を楽しむ暇もなく、今度は自分が親として異性とともに一夫一妻で子を育てます。

残念ながら繁殖に失敗することも多いのですが、このような場合には再繁殖といって繁殖をやり直すことも可能です。逆に、繁殖に成功した場合、時間に余裕があれば、1年に2回、3回と繁殖することもあります。

卵から巣立ちまでについては、軒下などの巣で容易に観察できるので、詳しく調べられています。第4章では、世界中、特に研究が進んでいるヨーロッパの研究をもとに、ツバメの子育てについて紹介します。

ちなみに、ツバメという種は世界中どこでもみな同じような一生をたどっているはずだと予想されるかもしれませんが、これは間違いです。近年行われた研究によって、これまでツバメという種全体に当てはまると考えられていた特徴が、実はヨーロッパの集団にしか当てはまらず、アメリカや日本など、別の地域では全く異なる特徴をもつことが分かってきました。たとえば、日本やアメリカではオスもたまに卵を温めるのですが、ヨー

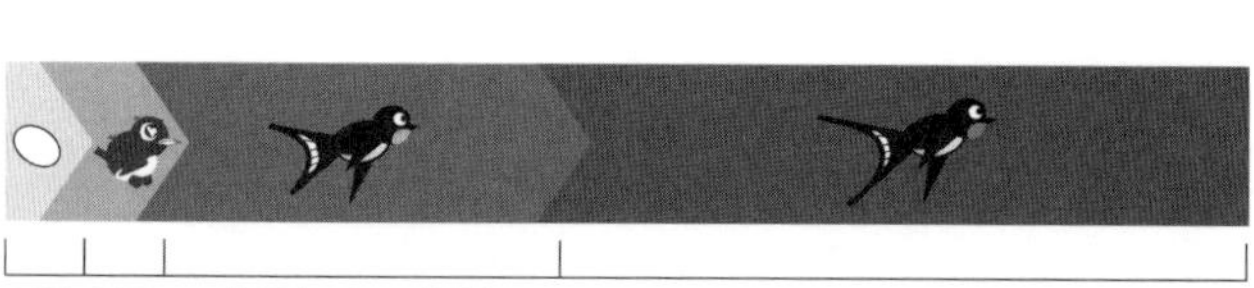

図1-10　ツバメの一生。約14日間の卵生活、約20日間のヒナ生活を終えると、巣を離れて巣立ちビナとして空中生活を開始する。その後は換羽して成鳥になり、死ぬまで越冬地と繁殖地を行き来する渡り鳥としての生活を続ける。

ロッパではメスしか抱卵しません。その他具体的な地域差とその原因について、第5章で紹介します。

ツバメが巣をかけている家には何年も連続でツバメが繁殖に訪れることから、ツバメが長生きだと思われている方も多いのですが、実際にはとても短命な鳥で、親（成鳥）になってからの平均寿命は1・6年ほどしかありません。年平均生存率は50％未満なので、ある年にペアで繁殖しても翌年には片方が死んでいる可能性が高く、毎年メンバーが入れ替わり立ち替わり巣場所を使っていることになります（ヨーロッパの報告では3365羽の成鳥のうち、7年生きたのはたった1羽だったそうです）。

では、生きている限りは同じ巣に戻ってくるのかと言えば、そうとも限らず、特に前年に繁殖が失敗した場合には、その場所を捨て、新たななわばりで繁殖することが多いようです。前年に失敗した場合、前の場所よりもよいなわばりに移って繁殖することが多いので、結果としてツバメにとってよい物件（巣場所）では、何年も続けて誰かが繁殖している状態になり、毎年同じペアが帰ってきているように「見える」のでしょう。

ちなみに、短命な生き物は老化しないと思われがちですが、ツバメも老化します。３歳を過ぎると、見た目や繁殖に陰《かげ》りが出てくるようです。

1日のスケジュール、1年のスケジュール

ツバメの一生の流れがだいたい分かったところで、もう少し小さな時間スケール、たとえば1日のスケジュールに目を移すことにしましょう。

読者の皆さんは今日、どのような1日をお過ごしでしょうか。朝起きて、朝ごはんを食べて出かけ、勉強や仕事をして、お昼頃にランチを食べ、夜までもうひとがんばりして、家に帰って夕飯を食べ、少し休んで就寝、といった感じでしょうか。

ツバメは昼行性《ちゅうこうせい》なので、朝起きて夜眠るのは私たちと同じです。ただ、野生動物の多くがそうであるように、ツバメは1日の大半を食事に費やします。ヒトのようにお金を出して食料を確保するわけにはいかないので、基本的には自分で手に入れるしかありません。ヒトのように料理をして消化効率を上げることもできないので、十分な栄養とエネルギーを得るには、たくさん食べるほかありません。

食事（と餌探し）中心の生活を、ツバメは一年中続けることになります。

この基本生活をベースに、春夏は繁殖（繁殖期）、秋に南国に渡り、冬は越冬《えっとう》、そして翌春にまた戻ってきて繁殖を始めるわけです（図1－11）。繁殖期はそれでも餌の多い方なので、自分の食事以外に時間を回して、求愛やなわばり防衛、子の世話などにあてます。

越冬地ではこれらの追加イベントはほとんどありませんが、そもそも餌が満足に手に入りません。特に飛翔昆虫を食べるツバメ類は、悪天候で餌が一時的に枯渇すると、大量死や地域絶滅も起こります。そのような越冬地での生活については第7章で紹介します。

なお、鳥類は毎年秋の渡り頃から越冬期にかけて、古い羽毛を捨て、新しい羽毛を生やす「換羽《かんう》」を行う必要があります。そのため、越冬期ですら、自分の体力維持に専念できるわけではありません。

鳥の羽毛は死んだ細胞でできているので、自己修復能力がなく、日々汚れたり、すり減ったりして劣化し、色もくすんでいきます。この劣化を最小限にするために、ツバメは他の小鳥同様、腰の部分（尾脂線《びしせん》＝図1－12）から分泌されるオイルを塗って羽繕《はづくろ》いし、綿密に手入れをしていますが、さすがに年単位で維持することはできません。高い飛翔能力を保つた

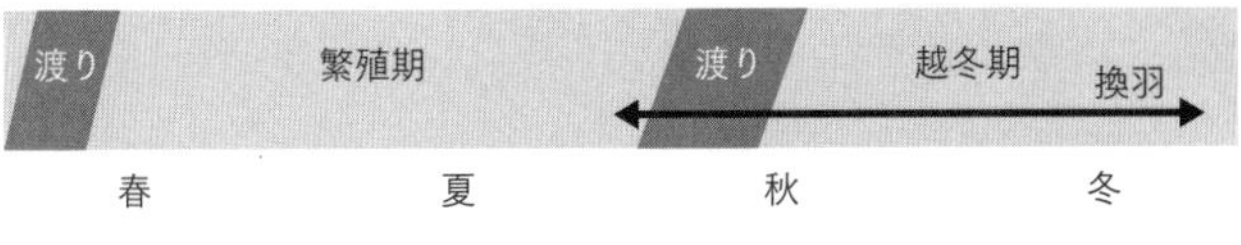

図1-11 ツバメのおおまかな年間スケジュール。渡りを挟んで、繁殖期と越冬期という2つの生活を毎年送る。具体的なスケジュールは地域ごとに違い、個体差も大きい。ツバメの場合、換羽には4.5〜6.5カ月かかるとされる。

めに、古くなった羽毛を毎年、何日もかけて取り替えていくほかないのです。

ツバメの一生は、ここで記したように比較的短い内容にまとめられます。図鑑などを見ても、程度の差こそあれ、同様の記述が見つかると思います。ここまで知っていれば、ツバメという生物がどういう見た目で、同所的に存在する他の鳥とどう違うのか、ざっくりとどういう生活をしているか、ぼんやりと見えてくることと思います。人に例えるなら、入学式後に簡単な自己紹介をして、顔と名前がだいたい一致したところでしょうか。

ですが、ここでご紹介したのは、あくまでツバメの表層的な知識にすぎません。図鑑などでたくさんの種を紹介するときは、もちろんそれぞれについて簡潔な紹介が必要なのですが、自己紹介を受けただけで相手のことを深く知った気になる人はいないでしょう。

次の章からは、この基礎的な知識をベースに、図鑑やネットで簡単に調べただけでは手に入らない、もっと奥ゆかしくディープなツバメの本質にせまります。

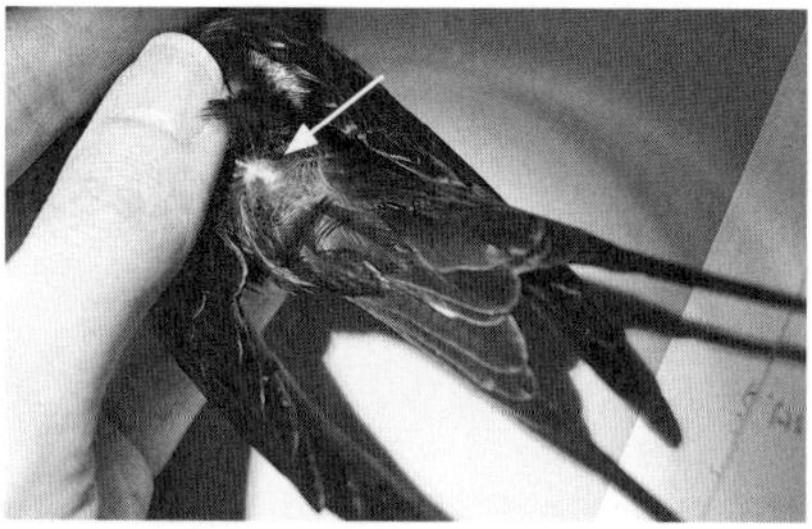

図1-12　腰にあるツバメの尾脂線。ここから出るオイルを塗りつけて羽を手入れする。

第2章

飛翔と渡り

タカの目をもつ小鳥

ツバメの特徴と言えば、言うまでもなく洗練された高度な飛翔能力でしょう。流れるように飛ぶさまは美しく、あれくらい自由自在に飛び回れたら爽快だろうとうらやましくなります。

このような話題になると、ついつい運動機能ばかりに目がいってしまいますが、まず注目すべきは感覚器官の発達かもしれません。高度な飛翔能力は、それ相応の高度な感覚器官に裏打ちされていなければ真価を発揮できません。どれだけ速く、俊敏に飛べても、餌や障害物、捕食者を正確に感知できなければ餌ひとつとれませんし、かえって障害物にぶつかったりして、すぐ死んでしまうことになります。普通の動体視力では、F1より家庭用の普通自動車を運転する方が安全なのと同じです。

さすがにF1を超えるほどの速度は出ませんが、ツバメはあの小さい体で平均時速40～60㎞と、自動車と同じ速度で飛ぶことができます。道路上しか走らない自動車でも、免許を取得して安全に運転するには一定以上の視力が必要です。3次元空間を縦横無尽に飛び回るからには、ツバメの感覚は並大抵のものではないと想像できます。

実際、ツバメの視覚システムは私たちヒトとは大きく異なり、飛翔生活に特化していることが知られています。ヒトは両眼視することで対象を奥行きのある立体として捉え、特にその中心付近が両目とも最も鮮明に映るようになっています。今、本書を見ているみなさんも、自然と両目の視線を合わせて文字を追っていることと思います。

他の生き物も基本的な仕組みは同じだろうと思うかもしれませんが、ツバメの場合はこの時点で違います。まず、右目と左目でくっきり鮮明に見える領域が重ならないだけでなく、鮮明な領域が右目に2つ、左目に2つで合計4つ存在しています。思わず瞳が4つに見えるヨツメウオ（**図2-1**）のような生物を想像してしまうかもしれませんが、あくまで、瞳は右目と左目に1つずつなので見た目は普通です。目の構造として、ピントがバッチリ合う部分が4つあるという話です（**図2-2**）。

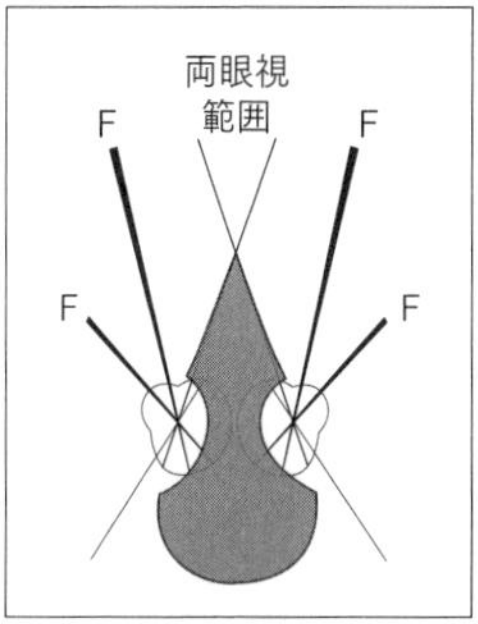

図2-2　ツバメ類の視野、両眼視の範囲と特に鮮明に見える範囲（F）の位置。図はTyrrell & Fernández-Juricic (2018) Am Natを改変。

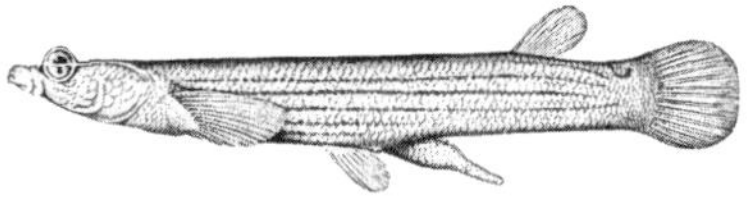

図2-1　ヨツメウオ。1つの眼球内で水上を見る目と水中を見る目に機能が分かれているので、左右合わせて目が4つあるように見える。出典 Cunningham (1912) Reptiles, amphibia, fishes, and lower chordata. Methuen, London

これらの特徴は、同じく視覚的な採餌が重要になるタカやハヤブサと同じで、他の小鳥とは大きく異なるものです（小鳥は普通、片目ごとにピントがバッチリ合う領域が1つずつしかありません）。それだけではありません。ツバメ、タカ、ハヤブサは、いずれも両眼視できる範囲が他の鳥に比べて狭いという共通点があることも知られています（図2－3）。「あれっ、捕食者の方が両眼視できる範囲が広いんじゃなかったか」と、有名なライオンとシマウマの対比の図を思い起こす方も多いかもしれません。

被食者であるシマウマは、両眼視の範囲（つまり両目の視野が重なる範囲）を犠牲にしても視界を広げて死角を減らし、捕食者のライオンは、視野全体が狭まっても両眼視の範囲を増やして狩りをしやすくします。しかし、少なくとも空中採餌者（捕食者）のツバメ、タカ、ハヤブサなどには、このルールが当てはまらないようです。

これらの生物では、両眼視の範囲だけに集中するより、むしろ前方の空間全体を捉えやすくして、急峻な動きに対処できるような視界を優先しているのでしょう。エジプト神話にある「ホルスの目」（図2－4）ではないですが、進行方向をくまなく見通せるような目をもつことが、3次元空

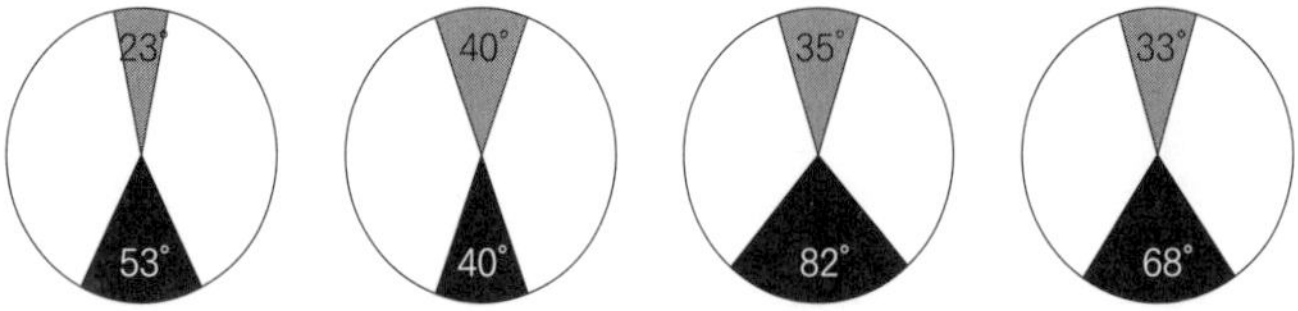

図2-3　左から、ツバメの仲間、その他の小鳥、タカの仲間、ハヤブサの仲間の視野と両眼視の範囲。鳥の頭が円の中央にあるとき、灰色は両眼視の範囲を示し、黒色の部分は全く見えない範囲を示す。図はTyrrell & Fernández-Juricic（2018）Am Natより改変。

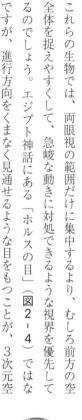

間で獲物を追う鳥類には欠かせないのかもしれません。

なお、ツバメはタカやハヤブサ同様、眼球の形が特徴的で、他の鳥よりも奥に長い一方で、幅が抑えられていることが知られています。これは、深い焦点距離を確保してくっきり見えるようにすると同時に、頭部の無駄なスペースを省き、小さな頭骨に脳と２つの目という大きな器官を収めるための工夫と考えられています。

前章の生殖器の話もそうですが、飛翔を優先した結果、鳥の体には各所さまざまな工夫がこらされています。軽量化のため、骨粗鬆症《こつそしょうしょう》の人のように骨がスカスカになっていることをご存じの方もいるでしょう。

収斂進化とは？

ツバメ、タカ、ハヤブサは互いに類縁関係にないため、これらの鳥で見られる共通の視覚システムは、それぞれ独自に進化したと考えられます。これは「収斂《しゅうれん》進化」というちょっと格好いい名前で呼ばれる現象で、自然選択による進化の反復性を示す例として重要視されています。生物がもう一度初めから進化をやり直したときに、今現在見られる生物とどれくらい

図2-4 エジプト神話に登場するハヤブサ頭の神、ホルス。全てを見通す「ホルスの目」をもつという。アメリカの１ドル札に描かれているプロビデンスの目の元ネタと言われている。

違う世界が広がるかは非常に興味深い疑問ですが、似たような生活環境で同じようなシステムを獲得したということは、ある程度進化に必然性があるということを意味しています。

もちろん、もう一度進化をやり直しても同一の世界ができ上がるとは考えにくいですが、わりと似たような性質や機能をもつ生物が生まれ、現在と似た世界が広がるのかもしれません。この辺りは、「類人猿からヒトになったように、恐竜からヒトに似た恐竜人（図2－5）が進化する世界もあったはずだ」という古生物学者の主張に通じるところがあります（映画『サウンド・オブ・サンダー』やゲーム『クロノ・トリガー』など、さまざまな媒体で使われている題材なので、ご存じの方も多いと思います）。

タカとハヤブサは雰囲気が似ているため、鳥類のなかでも近縁だと考えられがちですが、実はハヤブサはタカよりインコなどに近い仲間で、タカとハヤブサが似た姿をしていることは、猛禽としての生活に対応した収斂進化と考えられます（ちょうどツバメとアマツバメが収斂進化で似た姿をしているのと同じです）。そう言われてみると、ハヤブサは顔の感じがインコっぽいと言えなくもない気がしてきます（図2－6、図2－7）。

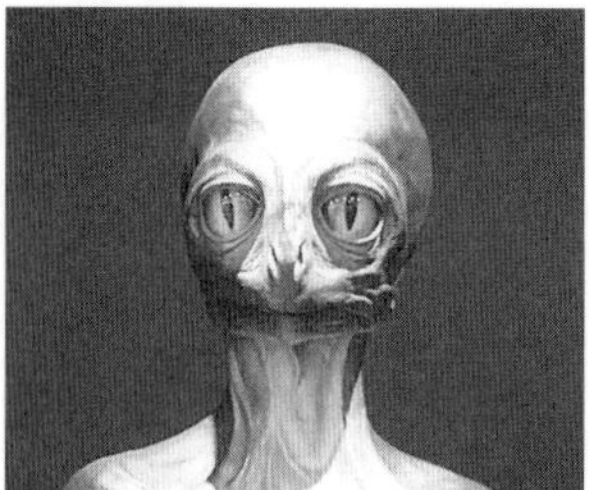
図2-5　「恐竜人」ことディノサウロイド。
写真提供：群馬県立自然史博物館

つまり、「タカの目」に関して言えば、タカ、ハヤブサ、ツバメ類で少なくとも3回収斂進化が生じたことになります。まだ検証されていませんが、同様の生態をもつ一部のアマツバメでも同じような目の進化が起きているかもしれません。

「鷙鳥《しちょう》百を累《かさ》ぬるも一鶚《いちがく》に如《し》かず」という言葉があります。鷙鳥（ここではツバメの意）が百羽集まっても、たった一羽の鶚（ここではタカの意）に到底及ばないという意味ですが、少なくとも視覚に関しては、ツバメはタカに勝るとも劣らない優れた目をもっていると言えます。

この他、ツバメに限らず鳥類は一般に、目に瞬膜《しゅんまく》という膜があります。空中で「目にゴミが入った！」という場合に、まぶたを閉じて視界ゼロにしなくとも、透明な瞬膜の開閉で事足りるようになっているのです（図2-8）。実際、ヒトでは、ゴミなどでほんの一瞬

図2-6　身近なタカの仲間（サシバ）。カエルなどを食べる夏鳥で、九州、四国、本州に渡ってくるほか、奄美大島などには越冬のため、冬に多数が集まる。

図2-7　身近なハヤブサの仲間（チョウゲンボウ）。よく田んぼの上でホバリングしている。頭とくちばしの感じがインコに似ている気がする。

まぶたを閉じることが自動車事故の原因の1つとなることが分かっているので、まぶたを閉じずに対処できることは鳥類の強みです。

ただ、この瞬膜は鳥類に限らず爬虫類や両生類にもあり、空中生活に適した特徴というより、哺乳類で必要がないために退化した特徴と言った方がいいかもしれません。哺乳類でも、ラクダなど一部の動物は瞬膜をもっていますし、ヒトにも「半月ひだ」という形で目頭に瞬膜の痕跡が残っています。興味のある方は鏡をのぞいてみてください。

聴覚と嗅覚

視覚以外の主要な感覚である聴覚や嗅覚については、ツバメの場合、そこまで他の鳥類との間に大きな違いはないようです。鳥類の聴覚システムそのものについても、哺乳類と仕組みは異なるようですが（そもそも鳥には私たちのように外に飛び出た耳殻はなく、耳の穴も羽毛に埋もれています。図

図2-8　リュウキュウツバメの瞬膜。左は瞬膜を開いているところで、右は閉じたところ。くちばしの根元に鼻孔も写っている。

2-9）、可聴範囲はヒトとあまり変わらないようです。

嗅覚についても、ツバメを含む小鳥の仲間は、それほど優れていないと考えられています。

ヒナが巣落ちしたときにうっかり触ってしまうと、人のにおいがついて親鳥に嫌がられるのではないかと心配してしまいますが、少なくともヒトのにおいについては、そこまで神経質にならなくとも大丈夫です。私たちの調査でも、ヒナに触れたために、親が繁殖巣を放棄したことはありません。

ただ近年では、小鳥の仲間もかつて思われていたほど鼻が悪くないことが明らかになりつつあります。捕食者のにおいを鋭敏に感知して行動を変えたり、いいにおいの異性を好むという研究も報告され始めています。これらの感覚についても今後情報が更新され、新たな驚きの発見が加わるかもしれません。

図2-9 ツバメの耳（羽毛を押さえて、耳が外から見えるようにした状態）。耳殻がなく、耳の穴が空いているだけで、普段は羽毛に覆われていて外から見えない。動物の耳は後頭部についているイメージがあるが、ツバメのような小鳥の耳は口の後ろにある。

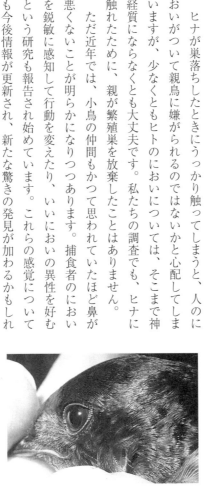

よい餌、悪い餌、DHA

ツバメの仲間は、その飛翔能力を生かして空中で昆虫を捕食します。1日2000匹の虫を食べているという話を聞くと、とにかく口に入るもの全てを闇雲に食べているように感じますが、もちろん手当たり次第に食べるわけではありません。

たとえば、ツバメは小さい餌より大きな餌を好み、このような好みをもつことで効率的に栄養摂取していることが知られています。私たちが1回の食事でたくさん食べた方が満足感があるのと似ていますが、実際、単位体積当たりで比較しても、大きな餌の方が小さな餌よりも筋肉が多くて、栄養価が高いと考えられています（特にヒナには大きな虫を与えます）。そのため、ユスリカのオスの蚊柱（いわゆる「脳喰い虫*」）など、小さな虫が集合していても、あまり積極的には食べないようです。

ちなみにツバメはハチの仲間も食べます（図2-10）。食べますが、刺されたくないのか、あまり積極的にはとらないとされています。なお、ハチに擬態しているとされるハナアブの仲間などは、上手に見分けて食べる

*脳喰い虫　ちょうどヒトの頭の高さで群れて飛ぶためにこのように呼ばれるが、もちろん実際に脳を食べるわけではない。

ようです。

もちろん、安全で大きな餌ならそれでよい、というわけではありません。同じ大きさの虫でも、適した栄養を多く含む餌の方が好ましく、実際にそのような餌を選んでいることが、最近になって分かってきました。たとえば、魚に豊富に含まれるオメガ三脂肪酸という栄養成分があります。その代表的な成分でもあるDHAは特に有名で、30年ほど前に「頭をよくするためにDHAを取りましょう」というちょっとしたブームがありました。今でも、成長期の子ども向け食品にはDHA配合を売りにしている食品が多くあるので、ご存じの方もいると思います。

ツバメ類は魚食性ではないですが、カワゲラやトビケラといった水域由来の昆虫には、（水生植物由来の）オメガ三脂肪酸が陸生の昆虫よりも多く含まれていて、ヒナへの給餌など、脳の発達にクリティカルな時期に、ツバメの仲間がこの餌を積極的にとることが知られています。

また、ツバメ類の報告ではありませんが、シジュウカラの仲間ではヒナの給餌の際にクモ類を好んで与えることが分かっており、これはクモに豊富に含まれるタウリンを摂取する意味合いがあるらしいことが報告されて

図2-10　セグロアシナガバチ。ツバメはハチの仲間はあまり好きでないと言われている。ただし、ハチに擬態したハナアブは刺さないため、見分けて食べる。

います。「タウリン○○mg配合！」という食品もありますが、ヒトも鳥も同じように脊椎動物なので、必要となる栄養も案外似通っているのかもしれません。タウリンを摂取することで、ヒナの記憶力が向上し、また物おじしない性格に育て上げることができます（ちなみにツバメも案外クモを食べています）。

私たちには闇雲に餌をとっているように見えても、ツバメ類、あるいは他の小鳥たちも、案外吟味《ぎんみ》して餌をとっているようです。もちろん、ツバメのような空中採餌者でそのような吟味が可能になるのは、優れた視覚と高度な飛翔能力があってのことです。

翼の航空力学

その高度な飛翔行動に欠かせないのが、ツバメのよく発達した翼です。ツバメは、スズメなどに比べてはるかに細長い翼をもつことで、効率よく飛ぶことが可能になります（図2－11）。この細長い翼、いわゆる「高アスペクト比」の翼は、アホウドリなど、効率のよい飛翔が必要な海鳥にも見られます。

図2-11　ツバメの細長い翼（左）とスズメの短く丸い翼（上）。

この特徴的な翼と、翼のわりに体重が軽いことで、一般的な小鳥に比べて60％ほど少ないエネルギーで、ツバメは飛翔することができるようです。短い首、流線型の体も効率的な飛翔に貢献しています。

近年では、翼の絶対的な大きさや形だけでなく、翼と足の相対的な発達量も重要だということが分かってきました。空を飛ぶということだけを考えると、なるべく無駄な投資は省くべきであり、第1章で紹介した外部生殖器の消失や省スペースな目の形、骨の軽量化と同様に、足もまた重荷になるだけの無駄な構造なので、カットすべきです。これとは逆に、もし歩行が重要ならば、翼は重荷になるだけですから、少しでも小さくすべきです。

実際、鳥の仲間全体を通して、飛翔が重要な鳥（ツバメやアマツバメ）ほど足が細く短くなり、逆に歩行や走行が重要になるほど（ダチョウやエミューなど）、翼が小さくなることが知られています（図2-12、図2-13）。特に

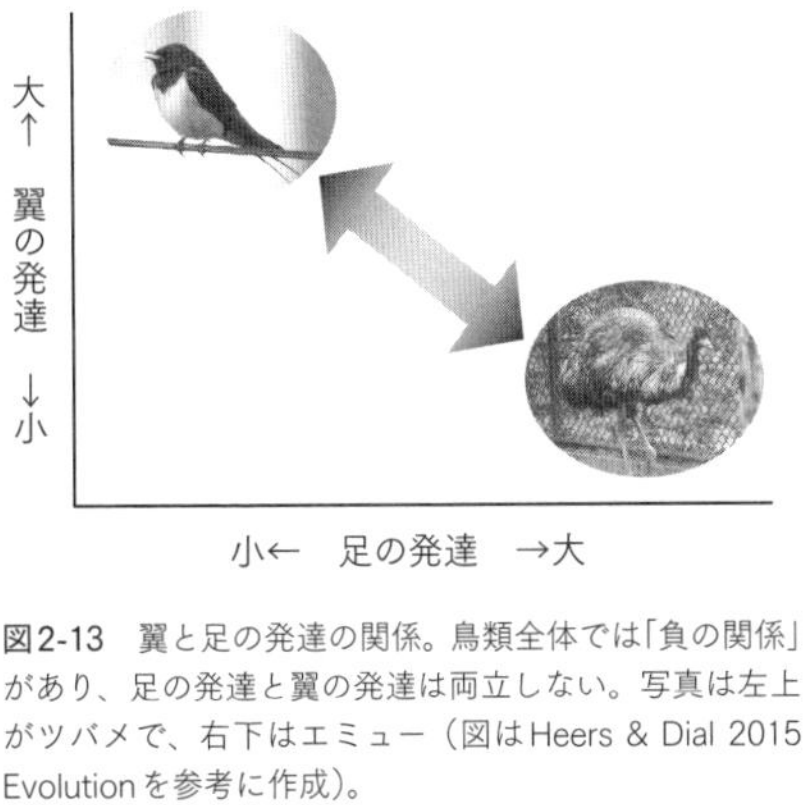

図2-13　翼と足の発達の関係。鳥類全体では「負の関係」があり、足の発達と翼の発達は両立しない。写真は左上がツバメで、右下はエミュー（図はHeers & Dial 2015 Evolutionを参考に作成）。

図2-12　エミューの足と翼。足が太く長く発達している一方で、翼はとても小さい（矢印）。もちろん空は飛べない。

エミューの翼は冗談のように小さいので、動物園などで見かける機会があるときは、ぜひ注視してみてください。なお、スズメのように歩行と飛翔が両方重要な鳥では、どちらもほどほどの発達になっているようです。

燕尾と燕返し

鳥は翼を羽ばたかせて飛ぶため、翼が飛翔に重要な意味をもつことは明らかです。一方、尾羽は飛翔中にたまに開く程度なので、飛翔行動に果たす役割が今ひとつ分かりづらいかもしれません。コウモリやプテラノドン（の復元図）には尾羽がないことから、鳥の尾羽は単なる飾りではないか、飛ぶときにバランスをとるのに使う程度ではないか、と考えられていたこともあるようです。

しかし、実際のところ、尾羽は飛翔性能を左右する重要な航空力学装置として機能します。前節で、ツバメの翼は効率のよい飛翔を可能にすると説明しましたが、このような翼をもつと小回りのきく飛翔に必要な「機敏性」という能力が低下します。

ツバメ類は尾羽を上手に使うことで機敏性を向上させ、この翼の欠点を埋め合わせていると考えられます。特に、ツバメの仲間によく見られるような、尾羽の外側が内側より長い、いわゆる「燕尾」という形の尾羽は、全て同じ長さの尾羽や真ん中が伸びた尾羽に比べて無駄がなく、航空力学的にベストな機敏性をもたらす形だとされています。三角形に広げた尾羽は、空に浮く力である「揚力」を効率的に増やすことができるので、燕尾をさっと広げて風を受けることで翼とは別個に揚力を得て、進行方向のベクトルを瞬時に変えて方向転換することができると考えられています（図2-14）。

それなら全ての鳥類が燕尾をもつはずだと考える方もいると思いますが、尾羽には飛翔以外の機能もあるので、全ての鳥が燕尾をもつことにはなりません。

たとえば、アメリカムシクイという鳥の仲間は、尾羽を急に広げて派手な模様を見せることで餌の生き物をびっくりさせ、その隙に捕食することが知られています。キツツキの仲間は、木に登るときに尾羽をつっかえ棒として使い、器用に木を登ります。

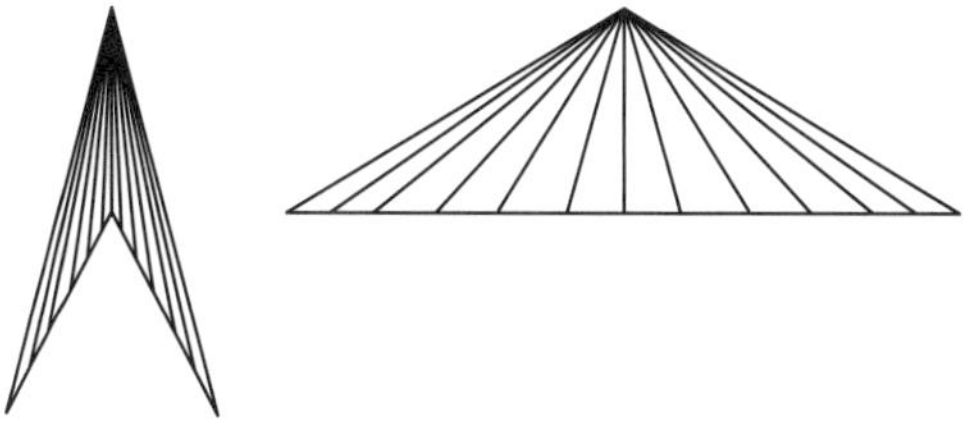

図2-14　燕尾の模式図。一番外側の尾羽が一番内側の尾羽の2倍の長さをもつと、閉じたときに深い切れ込みのある「燕尾」の形になる（左図）。目一杯（120度）に開いたときに三平方の定理でちょうど三角形となり（右図）、これは俊敏な飛翔を行う上で効率のよい形と考えられている。

同様に、アマツバメの仲間（ハリオアマツバメなど）には、尖って針のようになった尾羽を壁に止まるときの支えにするものもいます。ハチドリの仲間では、尾羽を使って音を立て、他個体とのコミュニケーションに使うものさえいます（ちなみに、公園や駅のドバトが急いで飛び立つときにドタタと音がしますが、あれも特殊化した翼の羽を使って立てている音で、仲間に危険を知らせる機能があるようです）。

尾羽の大きさや形、構造には、このようにいろいろな機能があるので、みんながみんな機敏性を優先しているわけではなさそうです。スズメのように、全ての尾羽が同じ長さの鳥も多く、換羽のしやすさや、日常使いでの傷みやすさなどの考慮も必要です。

燕尾は先端の細い部分が破損しやすいので、藪や下生《したば》えなど障害物の多い環境を利用する鳥では、すぐに引っ掛けて先端を破損し、使い物にならなくなってしまうでしょう。そもそも、細かい動きがそこまで必要でない鳥なら、機敏性を重視しても仕方ありませんし、機敏性はいくつもある飛翔性能の指標の1つにすぎず、後述するように、ツバメにおいてさえ最優先事項とはなっていないようです。

尾羽の形に関して言えば、この「開いたときに三角形」説をさらに発展させて、もう少し外側の尾羽が長い、まさにツバメの尾羽のような形の方がよいという主張もあります。伸びた外側の尾羽が風でたわむことで、尾羽全体が一気にパラシュートのように膨らむからこそ、急に進行方向を変えて採餌するような芸当ができるのだ、という大胆な主張です（図２－15）。

分かりやすく言えば、通称「燕返し」と呼ばれる急旋回はこの外側の尾羽によってもたらされるとも言い換えられます（ちなみにあの佐々木小次郎の必殺剣も同じ名前で呼ばれることがありますが、ツバメを切る剣技というのは誤りです）。

とても魅力的なアイデアなのですが、実際には、外側の尾羽が長くなればなるほど速く飛ぼうとしたときに負荷になり、速度や加速度といった別の飛翔性能が失われることが分かっているので、総合的に見て燕尾にそこまで採餌利

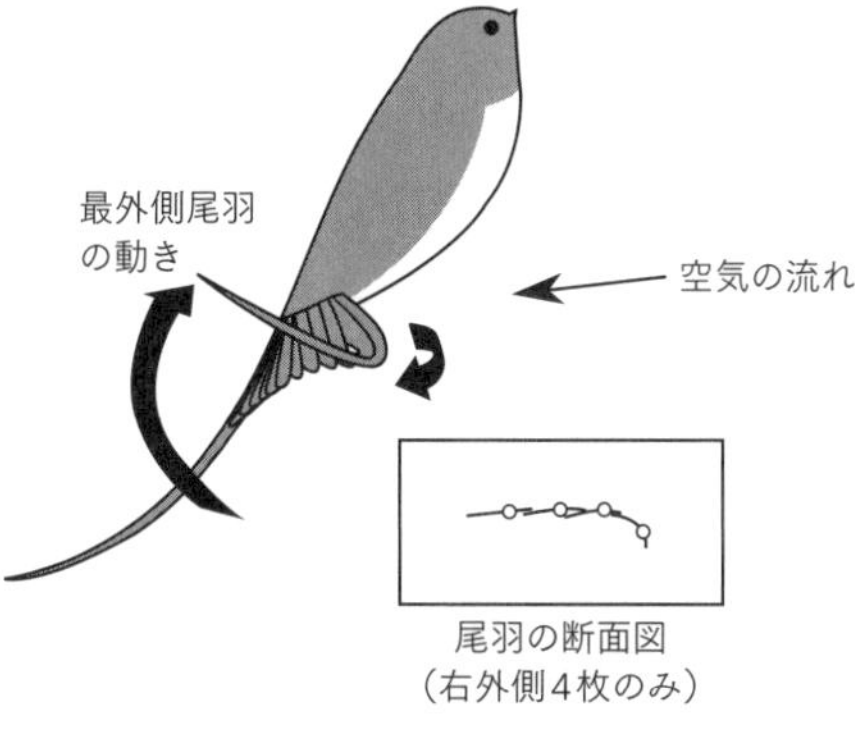

図2-15　燕尾は飛翔性能（機敏性）を向上させる（Norberg 1994 Proc R Soc Lond Bの図に日本語を加えて改変）。外側の尾羽が風を受けて後方に巻き込まれる形になることで、尾羽の外側に風を捉えやすい縁ができ、尾羽全体の揚力が向上するという。右下の図は、平面の羽毛がパラシュートやパラグライダーのように膨らみができるイメージ。

益があるわけではないでしょう。しかし、少なくとも、これらの研究や議論が進むことで、鳥の飛翔と尾羽の機能が想像以上によく分かっていない、まだまだ未開拓の研究領域だということが浮き彫りになってきました。

航空機が世界中どこでも飛び回り、民間ロケットで宇宙空間を旅する時代にそんなことも分からないのか、とお叱りを受けそうですが、将来的に鳥の飛翔メカニズムをもっと理解することで、今よりさらに優れた航空機が誕生する余地が残されているとも言えます。生物自体の理解だけでなく、人間生活への応用面でも発展が期待される研究分野です。

ツバメとアマツバメの燕尾進化

第1章で触れたように、ツバメとアマツバメはとてもよく似た姿をしており、これはそれぞれが空中採餌に適応し、収斂進化したためと考えられています。

では逆に、この収斂進化を使えば、採餌飛翔に適したベストな翼や尾羽の形を調べられるのではないか、と予想する方もいることでしょう。実際、私もツバメを調べていく過程でそのように考えた一人です。燕尾が採餌飛翔に本当に有利な形をしているのかどうか、ツバメ類、アマツバメ類でそれぞれ調べ、その一貫性を見ることで、より確実な証拠を得ることができます。

予測はこうです。「もし、燕尾が採餌飛翔に有利だから進化したのだとすると、ツバメ類でもアマツバメ類でも、（燕尾の発達していない種に比べて）燕尾の発達した種ほど効率的に採餌している証拠が見つかるはずだ」。少なくとも、「開いたときに三角形」説（61頁）に従えば、ある程度燕尾が発達した種は上手に採餌しているはずです。

そうに違いないと喜び勇んで調べてみましたが、得られた結果はむしろ予想と真逆でした。ツバメ、アマツバメの両グループとも、燕尾が発達する種ほど、卵が小さくなっていくというパターンが得られたためです。「なぜ急に卵の話をするのか」といぶかしがられるかもしれませんが、ツバメ類を含む空中採餌者では、卵の大きさは直前に食べた栄養量が反映されるという性質があるためです。採餌が下手な種ほど必然的に卵も小さくなることが予想されるので、燕尾が発達するほど卵が小さくなるということは、燕尾が採餌に有利などころか、不利だということを示唆しています。卵の数や繁殖の回数などとはなんら関係が見られなかったので、燕尾と卵の大きさの関係が他の要因に影響された可能性は薄そうです。

小さな卵は孵化率が下がるなどの不都合があるので、少なくとも、ツバメの仲間もアマツバメの仲間も、燕尾を発達させてしまうと不利な面があると言えそうです。実際、他の研究では、燕尾が短い種ほど大きな餌を食べているという報告や、燕尾を試しに継ぎ足して長くすると小さい餌しか捕まえられなくなってしまうという報告もあり、現在は燕尾が採餌のために進化したという考え方はあまり支持されていません。

先に述べた通り、燕尾をもつことで細かい動きは得意になるのですが、かえって飛翔速度などは失われてしまうので、燕尾が効率的な採餌を可能にしているとは言い難い状況です。むしろ、採餌の機能を損なうことが示唆されていることを踏まえると、採餌の利益を犠牲にしてまで進化させるべき、別の機能が燕尾にあると考えた方がよさそうです。

その理由については次の章にご紹介しますが、よくよく考えると採餌飛翔に特化したツバメやアマツバメの仲間でも燕尾の発達が種ごとにバラバラだということは、そもそも燕尾自体がそこまで採餌に必須な特徴ではないということになります。
たとえば、日本にいるツバメの仲間でも、ツバメに最も近縁なリュウキュウツバメが燕尾をもっていなかったり、そこまで近縁でないコシアカツバメが燕尾をもっていたりするので、燕尾をもつべきかどうかは種ごとに違う、と考えた方がしっくりきます。

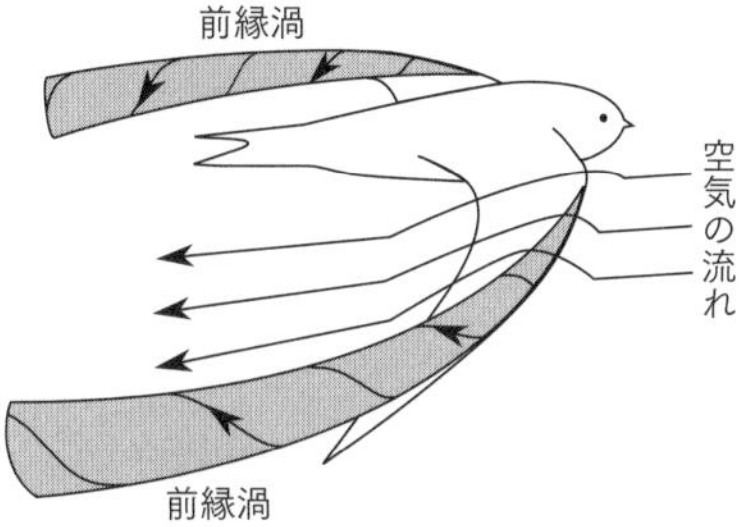

図2-16　アマツバメの長い翼は効率的に前縁渦（灰色部分）を発生させて機敏性を向上させるので、わざわざ燕尾で機敏性を上げる必要はないのかもしれない。図はVideler et al.（2004）Scienceをもとに日本語を交えて改変。

アマツバメに至っては、非常に長い翼を使うことで「前縁渦《ぜんえんうず》」という特殊な渦を効率的に発生させ、尾羽に頼らなくても翼だけである程度の機敏性を確保しているという報告があり（**図2-16**）、尾羽自体がほとんど存在しないものさえいます。前縁渦の理論は難しいので割愛しますが、アマツバメでは機敏性をもたらす別のメカニズムがあるので、燕尾どころか尾羽自体が空中採餌に必須とは考えにくいと言えます。これらのことにあらかじめ気づいていれば、わざわざツバメとアマツバメで調べる必要すらなかったかもしれません。

後で考えれば当たり前のように思いますが、1つの考えに取り憑かれるとなかなかそこから抜け出せない、ということはこの件に限らずよくあることです。相対性理論で有名なアインシュタイン*でさえ、当時普及していた説に影響されてしまったエピソードが知られているぐらいです。

一個人に限らず、科学全体が（間違った）常識にとらわれて停滞する例も数多く知られています。有名なものでは、地動説出現前の天動説、ダーウィン進化論（本章末、74頁のコラム）出現前の用不用説などがあり、それだけでも常識を打破するのがいかに難しいか分かります。だからこそ、人々の考え方を革命的に大きく変える、いわゆる「パラダイムシフト」を起こす研究がすごいとも言えます。

世紀の天才科学者でも、科学の世界全体でも陥ってしまう思考トラップなので、そこらのしがない研究者が常識にとらわれてしまうのは仕方ないことかもしれません。研究を行った後に当たり前のことに気づいてしまっ

***アインシュタイン** 当時信じられていた「宇宙の大きさは変化しない」という世界観に自身の相対性理論をすり合わせて余計な「項」を数式に加えてしまったために、結果として宇宙膨張の発見が大幅に遅れてしまい猛烈に後悔した、という逸話があります。興味のある方は「宇宙定数」で調べてみてください。

た場合、私はこのように考えて気を紛らわせることにしています。

地磁気を読んで渡る

ここまで主に採餌飛翔について扱ってきましたが、ツバメは渡り鳥なので、渡りを行う上で有利な特徴も備えているはずです。

たとえば、渡りをするには、目的地になんとかして到達する能力が必要です。サケなどでは、生まれた川のにおいを覚えて故郷の川に遡上する、という話もありますが、本章の最初に記した通り、鳥類、特にツバメの仲間などの小鳥類は、そこまでにおいに敏感ではなさそうです（鳥類でも、ハトでは目的地を定位するのに、においが使われるとする研究もあります）。ではどうやって渡りの目的地を特定するかというと、ここでも視覚が重要になってくるようです。

夜間に渡りをする鳥の仲間では、昔の船乗りのように星の位置などを使って渡りをするという話もありますが、ツバメは昼間に数羽で渡りをするので（図２－17）、この方法は実用的ではありません。むしろ単純に、昼間に見えるランドマーク（目印になるような分かりやすい地形や人為的

図2-17　渡り途中のオスと見られる小集団。繁殖が始まれば敵対的になるライバルも、渡りの間は一緒に移動する。

構造物）を頼りに渡りを行っている可能性が高いとされています。ツバメでちゃんと示された例はありませんが、少なくとも先述のハトや他の小鳥では、実際にランドマークが重要な役割をもつことが確認されています。

また、鳥類では「偏光《へんこう》」という特殊な光の特徴が見える種も多く、ツバメもこの偏光を利用して効率的に目的地まで渡っていると考えられています。偏光とは光の進む方向に偏りがあることで、太陽から降り注ぐ光線の角度の偏りを知ることによって、太陽が直接見えなくとも、日時計のように現在時刻や方角などを知ることができるという優れた能力です。

この他、「ツバメが地磁気《ちじき》を読んでいる」という考えを支持する研究結果も報告されています。目印のない室内で磁石を使って磁気を操作すると、ツバメが実際の地磁気から予想される方角ではなく、操作後の磁気に合わせて渡りの方角を変えるためです。生まれながらに方位磁針をもっているようなものでしょう。しょっちゅう道に迷う方向音痴な私はうらやましいかぎりです。

地磁気の感知方法には諸説あるものの、鳥類は視覚的に磁場を感知しているという話もあります。すでにツバメの視覚はヒトとはかなり違うことを紹介していますが、さらに偏光や磁場が見えるとなると、いったいどのような世界がツバメの目の前に広がっているのか、想像もつきません（次章で説明するように、紫外線も見えることが分かっています）。

渡りに適した見た目の特徴

もちろん、渡りに必要なのは、目的地を定位する能力だけではありません。越冬地から繁殖地へ移動し、繁殖が終わればまた越冬地へ戻らなければならず、それには相当の飛翔能力が必要になります。

パッと見で分かる特徴として、渡りをする鳥は、近縁の渡りをしない鳥に比べて翼がシャープに尖っていて、より飛翔行動に優れているという一般則があります。ところが最近、ツバメ類にはこの一般則が当てはまらないことが分かりました。むしろツバメの仲間では、渡りをしない種の方が翼が尖っているという、普通とは逆の特徴があります。

他の鳥と同様、ツバメでも早く渡りができる個体ほど採餌飛翔も優れていたり、アスペクト比の高い翼をもつことが知られているので、渡りをする種にシャープな翼が見られてもいいような気もします。しかし、すでに飛翔行動に特化したツバメ類では、渡り以外の時期での飛翔能力の必要性が形態と実際の飛翔能力を決めているのかもしれません。

繁殖期に着目すると、飛翔性昆虫が爆発的に出現するような温帯域以北に渡る種よりも、年中餌が少ない熱帯・亜熱帯に定住する種の方が高度な飛翔能力が必須となり、結果的に尖った翼をもつに至ったのでしょう。ツバメの仲間にとって、渡りそのものにはそこまで飛翔能力が必要でないのか、最近巣立ったばかりで飛翔能力の低い幼鳥も、渡り時の死亡率は成鳥と大して変わらないという報告もあります。

それでも、渡りが体力のいるイベントであることに変わりはないので、なんの下準備もなく、ある日突然渡りを行うわけではありません。ツバメを含む多くの渡り鳥で、渡りに必要なエネルギーを事前に脂肪などの形で蓄えて、渡りに備えることが知られています。

ツバメの仲間は、秋の渡り前に大集団でヨシ原などにねぐらをとりますが、この間に10〜15%、多いときには30%ほど体重を増やすことが知られています。ツバメは渡りの最中も採餌できますが、天候悪化時などの餌枯渇の保険として脂肪を蓄えるようです。ヒトでは嫌われがちな脂肪（と体重増加）ですが、死亡と脂肪の二択を迫られれば、誰だって脂肪を選ぶでしょう。

なお、繁殖地から越冬地に戻る秋の渡りは比較的ゆったりとしたペースで行われますが、これから繁殖が控えている春の渡りでは一気に渡ることが知られています。そのスピードは7日で3000㎞とも言われます（沖縄から北海道まで、1週間あれば行けることになります）。繁殖はツバメにとっての一大イベントなので、準備ができたものから急いで駆けつける気持ちは分かるような気がします。

ヒトに例えるなら、待ちに待ったゲームや新刊の発売日のようなものかもしれません。実際、人気の新製品が売り切れてしまうこともあるように、ツバメも呑気にゆったり渡ってきたのでは、繁殖の機会を逃してしまうでしょう。次の章では、いよいよこの繁殖に焦点を当てます。

ツバメと進化

進化と言えば、「ポケットモンスター」（ポケモン）の進化、あるいはスポーツニュースで聞かれる「進化する○○選手」のような表現を思い浮かべる人も多いでしょう。「ピカチュウがライチュウに進化した」、「○○選手のバッティング技術が進化した」などのように、特定の個体が経験する劇的な変化を「進化」と呼ぶことが、日常的には多いようです。

一方、生物学の言う「進化」は、集団全体の（遺伝的な）組成が世代間で変わることを言い、個体の変化を進化と言うことはありません。同じ単語でも日常の使い方とは意味が違うので、注意が必要です。

例を出していきましょう。ツバメで言えば、親世代に比べて子世代、あるいは何代か離れた子孫世代で燕尾が長かったり短かったりすると、「燕尾が進化した」ことになります。「短くなるのは退化でしょ」と言う方もいるかもしれませんが、退化も進化の1つなので、大枠では進化に違いありません。

進化というと、何か劇的な変化がなければいけないように感じるかもしれませんが、生物学では変化の大小では区別しません。極端なことを言えば、生物の設計図であるデオキ

ツバメ豆知識 1

シリボ核酸（DNA）の配列が世代間で1カ所変わっただけでも、それは進化といえます。実際、ヒマラヤ山脈を飛び越えるインドガンという鳥では、血液の酸素運搬能をコードするたった1カ所のDNAの構造が変わることで、空気が薄くとも効率的に酸素を運搬できるように進化したことが知られています。

こうした進化をもたらす原因となっているのが「自然選択」という作用です。自然選択とは、同一世代の他個体に比べて、特定の個体が子孫繁栄に有利になることです。「ふるいにかけられる」という表現を耳にされた方もいることでしょう。有利な個体が選抜され、不利な個体はふるい落とされることで、子孫の残しやすさに差がつきます。

自然選択のなかでも特に分かりやすいのが「生存選択」で、ガラパゴスフィンチのくちばし（第7章）などが有名な例として知られています。「くちばしが薄く、硬い種子を食べられない鳥が死に、くちばしの太い鳥が生き残って子を残した結果、子世代は親世代に比べて集団全体のくちばしが太くなった」のですが、このプロセスを一言でいうと、「生存選択によって、太いくちばしが進化した」ということになります。

同様に、さまざまな特徴をもつ個体のうち、生存に有利な特徴をもつ個体が子孫を残し、その特徴を次世代に伝えることで、生き残るのに有利な特徴をいろいろと進化させることになります。

生存選択は「適者生存」という言葉でも表されるように、わりと分かりやすい作用なのですが、自然選択にはほかに「性選択」という繁殖力の違いに基づく作用もあります。

たとえば、きれいにさえずるオスがメスにモテて繁殖しやすい場合、次世代以降はきれいなさえずりをするオスが増え、さえずりの質が集団全体として上がります。生存力に全く違いがなくとも、性選択によってさえずりが進化するわけです。状況次第ですが、明らかに生存に不利に思えるクジャクの羽のような派手な特徴も進化することがあります。

この性選択の理解に大きく貢献した生物がツバメです。

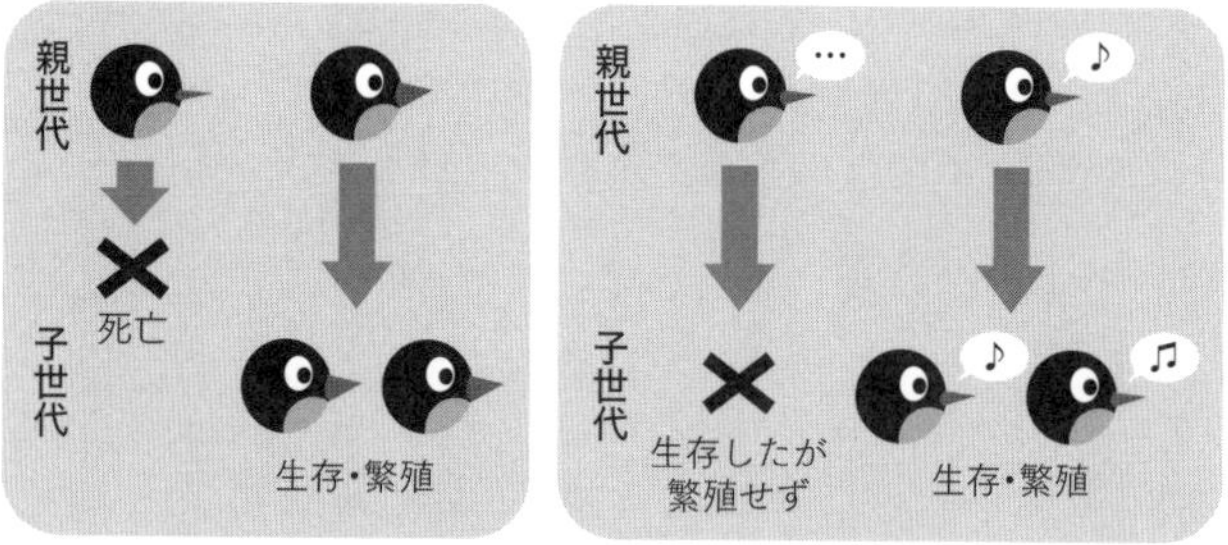

図　生存選択（左）と性選択（右）による進化
左図では親世代（上の2羽）に比べて子世代（下の2羽）のくちばしが厚く進化し、右図ではさえずりが派手に進化したと言える。進化を論じるときは、個体単位ではなく、世代単位で比べる。

ツバメ豆知識 1

一夫一妻の生物は基本的にオスとメスがペアで繁殖するので、一夫多妻や乱婚の生物と違って、繁殖によって子孫数に差がつくことはあまりないと考えられていました。ところが、綿密に計画されたツバメの実験によって、燕尾の発達した魅力的なオスがすぐに配偶者を得て子育てを始めることにより、繁殖期をフルに使って多くの子を残し、また別の異性とも浮気して子を残していることが確かめられました（第3章）。科学史上初めて、一夫一妻の生物で性選択が働くことが示されたわけです。

これは1988年のことで、チャールズ・ダーウィンが『種の起源』で性選択を提唱し、『人間の進化と性淘汰』でその仕組みを提案してから、実に100年以上が経っていました。それ以降、性選択が働く一夫一妻の生物のモデルケースとしてツバメは重宝され、さまざまな研究が進められています。

現実的にはヒトも一夫一妻であり、男女間の相互作用によって「目が大きい」、「彫りが深い」、「背が高い」といった魅力的な特徴が有利に働くことは、直感的に明らかです（最近では「イケメンに限る」などという表現もよく使われます）。

ですが、何ごとも客観性を大事にする科学では、きちんとした手法で証拠を示すことが必要になります（ヒトの場合も、「美人は3日で飽きる」という言葉もあるように、本当に魅力的であることが有利かどうかは、ちゃんと調べないと分かりません)。科学の世界では新しい概念や理論の提案がその実証よりも厚遇されがちですが、キッチリ証拠を示すことは科学を進展させる上でとても大事なことです。

このツバメの研究のおかげで、一夫一妻でも性選択による進化が可能であることが示されたのですが、本当に燕尾が性選択で進化したのかどうかは話が別で、本文に登場したように「採餌を通じた生存選択で進化したのではないか」と考えることもできます。生存選択と性選択、どちらで燕尾が長く進化したのか、議論は白熱し、科学者界のスキャンダルも相まって世界的な大論争になります。この論争が、(結果的に)ツバメの知識だけでなく、科学を大いに発展させることになるのですが、その詳細については第5章のコラムで改めて紹介します。

第3章

春は恋の季節

メスにモテるには？

ツバメといえば、春に渡ってきて電線でさえずっている姿を思い浮かべる方も多いかと思います（図３－１）。ツバメのさえずりは、ヒトが聞いても活力ある元気な声に聞こえるもので、よく「土食って、虫食って、渋ーい」と聞きなし（人間の言葉に当てはめること）されます。ウグイスやコマドリ、オオルリなどの美しい「さえずり」に比べると、やや濁っていて声も通りにくいため、「ぐぜり（＝ぐずり）」と不名誉な用語を当てられることもあります。

第１章で、このような声を出すのはだいたいがオスだと紹介しました。では、なんのためにこのような声を出すのかといえば、他の鳥類と同じく、周りのオスを排斥したり、異性を誘引するためだと考えられています。同性からは「あいつにはかなわねぇ」、異性からは「あの方、素敵」と思ってもらえるように鳴いているということになります。

実際、ツバメでも低いさえずりのオスは、他のオスに比べてなわばりの獲得や維持に有利になります。また、ひんぱんにさえずるオス、さえずり

図3-1 巣場所でさえずるオスのツバメ。さえずりの最後に口を大きく開けると、口内の黄色がよく目立つ。

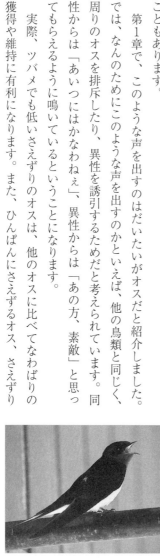

が複雑だったりテンポが速いオス、レパートリーが豊富なオスは異性に好まれることが報告されています。

美的感覚はヒトにしかない特徴だと思われがちですが、そんなことはありません。ツバメを含め、さまざまな動物に美的センスがあり、多くの動物でそれぞれ特定の美しさが好まれることが知られています。

なぜ、メスよりもオスの方にそのような美しい特徴が見られるのかというと、オスとメスで繁殖にかける投資量が違うからだと説明されています。もともと、オスとは「小さな配偶子」である精子を生産する性で、メスは「大きな配偶子」である卵を生産する性です。ツバメをはじめ、鳥類は体内受精する生物で、卵がメスのお尻（正確には総排泄腔《そうはいせつこう》*と言います）からプリッと出てきたときにはすでに有精卵になっており、これを立派に育て上げることで子孫を残します。雌雄で配偶子の価値を比較すると、メスの生産する卵の方が、オスの作る精子よりも明らかに貴重で、価値ある投資と言えます。スーパーで鶏卵は売っているのに、鶏精子が売っていないことからも分かるでしょう。

精子は非常に小さく、大量生産することができるので、多少無駄にして

*総排泄腔　鳥類では、卵もフンも1つの出口（総排泄腔）から排出されます。このあたりも、多くの哺乳類と違うところです。

も代えがきき、失うものも少ないのですが、卵ははるかに大きく、栄養豊富で数も少ないので、なるべく無駄にしたくありません。そこでメスは、たくさんの候補のなかからなるべくよいオスを選んで夫にし、配偶子が無駄にならないように、大事に子を育てます。

そうなってくると、オスとしては、なるべくメスに選ばれるように（＝売れ残らないように）振る舞わなければなりません。「いえいえ、私なんて」と謙遜していては、積極的なご近所の他のオスによいところをもっていかれて、子孫が残せなくなってしまいます。

そのようなわけで、オスはなるべくメスの気を引くべく声をあげ、美しくさえずってアピールする必要があるのです。当然、その努力が実ることもあれば振られることもあるわけで、少しでも成功確率を上げられるよう、世代を追うごとに、各生物の美的センスに沿って音響構造も洗練されていったと考えられています。

美的センスは、さえずりという音声的な特徴（音楽）にとどまらず、視覚的な要素に対しても発揮され、生物進化を促進します。ツバメで言えば、燕尾がその代表例でしょう（**口絵14**参照）。燕尾が発達したオスほどメス

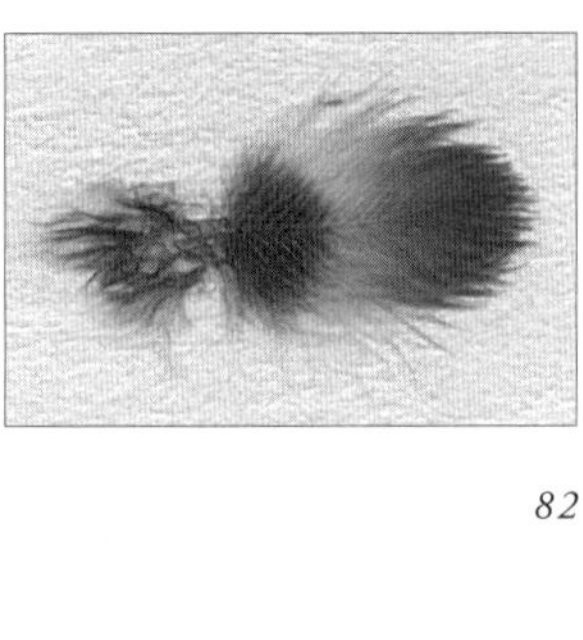

図3-2　赤い喉の羽毛。羽毛全体が赤いわけではなく、根元は黒い色をしている。色の濃さは、含まれる2種類の色素（フェオメラニンとユーメラニン）の濃度だけでなく、羽の汚れや手入れが行き届いているかどうかによっても変わってくる。

に好まれることが、ヨーロッパやアメリカ、また日本や中国など、アジアの研究からも明らかになっています。

第1章で見た通り、オスはメスと比べて、一番外側の尾羽が長く発達しており、逆に中央の尾羽は、少しでも燕尾が長く「見える」ように短くなっていることが知られています。同様に、尾羽にある白斑も、少しでも燕尾が長く見えるようにする、錯視を利用した視覚トリックだという説もあります。

ただ、第5章で説明するように、好みの詳細については各地で異なるようです。燕尾のほかには、喉の赤さ（図3－2）や大きさ、尾羽の白斑、背中に見られる黒地に青の金属光沢なども、メスを引きつける要素であることが報告されています（口絵9参照）。

他の小鳥類と同様、ツバメは紫外線も見えます。虹を見る彼らの目には、赤、橙、黄、緑、青、藍、紫のほか、その内側の紫外領域に1色分多く見えているはずです（図3－3）。そのため、背中の青い羽毛など紫外領域も反射する羽毛は、ヒトとは全く違う見え方をしていると考えられ、その好みに影響しているという報告もあります。

図3-3　虹。ヒトにはせいぜい7色程度（外側から、赤、橙、黄、緑、青、藍、紫）にしか見えないが、ツバメを含む多くの鳥は紫の内側に紫外線の層が見えているという。

生存か繁殖か

ここまで音声でも見た目でも、個々の要素に対する好みについて記してきました。研究者としても、個々の要素に焦点を絞った方が調べやすいため、結果として多くの研究が各要素単独の効果について報告している状況です。

しかし、場合によっては、「尾羽と喉色」、「尾羽とさえずり」といった複数の特徴の組み合わせや、ときには全体のバランスでも異性を選ぶことが分かっています。「コーディネートはこうでねいと」といった言葉遊びもありますが、ツバメもそれぞれの要素をバラバラに見て総合点を競っているだけではなく、全体としての印象が大事な評価ポイントになっているのかもしれません。

異性誘引は研究テーマとしておもしろく、またツバメは調べやすい対象なので研究が進んでいますが、赤い喉などの見た目の特徴は、さえずりと同様、オス間での闘争（**図3-4**）においても機能することが知られています。オスとしては、メスに見そめてもらわなくても、そのメスに近づく他のオスを排斥すれば、結果としては同じことです。他に候補者がいなければ、メスはそのオスが好きでなくても結ばれるほかありません。

ツバメの場合は、喉が赤いオスほどなわばりの占有能力に優れ、繁殖に適した場所を確保できるので、結果としてメスとも結ばれやすくなります。ちなみにヒトの世界でも、格闘技で赤いユニフォームを着ると相手を圧倒しやすくなることが知られています。ヒトでもツバメでも、よく似た心理的な効果があるのかもしれません。

鳥に限らず、野生動物と言えば、生きるか死ぬか、弱肉強食といったイメージが先行しがちですが、確実にたくさん子孫を残す上で、異性を魅了したり、競争相手を排斥して繁殖することが、想像以上に大切であることが分かっています。

どれだけ生存上優れた特徴をもっていても、配偶者を確保できず、子孫を残せなければ意味がありません。そのような場合にはす

図3-4 ツバメのオスの空中戦。下の写真の2羽(性別不明)のように、そのまま地面に落ちてまで取っ組み合いを続けることもある。

ぐに家系が途絶えてしまい、生存に有利なはずの特徴も早々に失われてしまいます。多少の生き残りやすさは犠牲にしても、子を残し、子孫繁栄を遂げるためには、異性を獲得したり、競争相手を排斥して繁殖するための特徴が不可欠だということになります。

逆に言えば、異性を誘引したりする必要があるからこそ、生物は派手な特徴をもつに至ったわけです。その必要がなければ、世の中の生物は今日見られるほどの華やかさや鮮やかさを示すこともなく、もっと味気ない世界が広がっていたかもしれません。

このような話をすると、生存と繁殖が相反するもののように聞こえますが、実際のところ生存と繁殖は協調的に働くこともあります。たとえばツバメでも、美しいオスは他のオスに比べて生存力も高いことが多く（第4章、140頁のコラム）、必ずしも個々のオスが生存を犠牲にして繁殖を選んでいるとは言い切れません。逆に、生存に比較的余裕のあるオスだけが、派手な羽毛など繁殖への投資を増やしていると見ることもできます。

また、配偶者を得ることそのものが、生存力を向上させることもあります。たとえば、繁殖期初期にあたる春先は天候が変わりやすく、突如雪が降るほど気温が低下することもあります。そのようなときに配偶者がいると、夜間の気温低下時にお互いに密着して余計なエネルギー消費を抑え、死亡リスクを減らすこともできます（図3-5）。お相手がいない場合は、寒い夜にも1人凍えて過ごさなくてはなりません（口絵17に示すように、あまりに寒いときはみんなでくっついて眠ります）。ヒトに例えるなら、雪山で遭難したとき、凍死しないように密着して暖をとるのと似ています。

内温（恒温）動物は高い体温を維持するために、外温（変温）動物よりもはるかに多くのエネルギーが必要なことが分かっていますが、配偶者を得ることで自分の資源の消費を抑えて体温を維持できるので、配偶者を引きつけるもろもろの特徴は生き残る上でもプラスに働くということになります。このようにして、自然環境と社会環境はお互いに関係しつつ生物の進化を促しているわけです。

古巣となわばり

前節では美しさに焦点を当てましたが、異性を魅了する手段は美しさだけではありません。ヒトにも当てはまることですが、資源（資産）をいく

図3-5　夜間に就寝中のツバメ。ペアを形成した後、特に寒い夜はくっついて眠る。

ら保有しているか、というのも大事な要因です。どれだけ容姿端麗でも、資産ゼロなら問題外です。

先の節で見たように、よいなわばりをオス間で奪い合うのは、そのようななわばりを確保することで子が順調に育つためであり、それゆえにメスからの評価が高くなるためです。オス自身の魅力が薄くても、占有しているなわばりという資源が魅力的ならメスを誘引できる、ということになります。

実際にツバメの求愛行動をていねいに観察すると、オスはメスに自分のなわばりを紹介し、繁殖可能な古巣や巣場所を案内している様子を見ることができます（図3－6、図3－7）。このようなツバメの行動を見ていると、なわばりが重要だということがよく分かります。逆に、そこまでていねいに案内しておいて、メスがなんら興味を示さないとびっくりしてしまいます。

実はこのなわばりですが、つい最近までツバメではそ

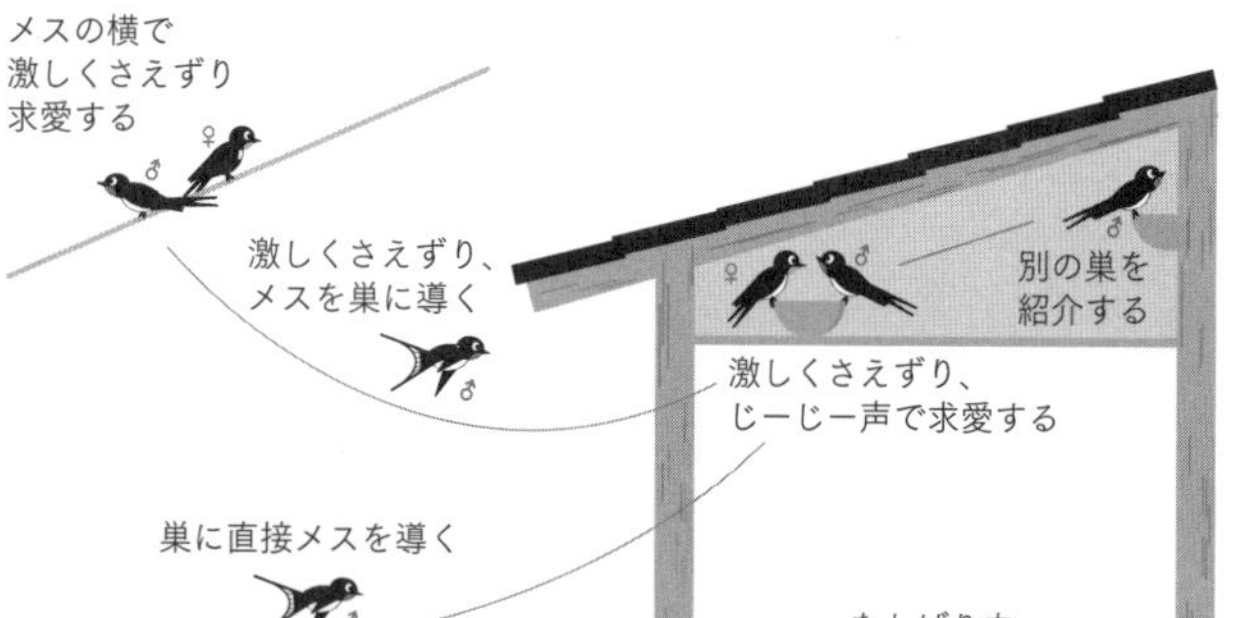

メスの横で
激しくさえずり
求愛する
♀
♂
激しくさえずり、
メスを巣に導く
♂
♀
♂
♂
別の巣を
紹介する
激しくさえずり、
じーじー声で求愛する
巣に直接メスを導く
♂
なわばり内

図3-6　ツバメの求愛行動。オスは自分のなわばりの古巣や巣場所をメスに紹介する（Hasegawa 2018 Ecol Resの図を修正）。求愛中のオスはさえずりに精を出すだけでなく、翼を尾羽の下に下げるので、パッと見でも求愛中と分かる。

れほど重要ではないと考えられていました。ツバメのなわばりには、前年までに使われた古巣や新しい巣の候補地くらいしか含まれておらず、餌はなわばりの外でとります。なわばり内で餌をとる鳥なら、子がすくすく成長できるように餌が豊富ななわばりを吟味するでしょうが、そういった資源を含まないツバメのなわばりなど、わざわざ手間をかけて選んでも仕方ないだろうと思われていたのです。

実際、ヨーロッパのツバメでは、なわばりはメスの好みにそれほど影響しないという結果が１９８０年代に報告されており、長らくそれが定説となっていました。しかし、その後日本やアメリカで行われた研究で、ツバメも地域によってはなわばりが重要で、古巣の数や質が異性を惹きつける重要な要因であることが分かってきました。

ヨーロッパのツバメは屋内に集団で繁殖し、卵やヒナの捕食がほとんどないのですが、屋外でまばらに繁殖する日本やアメリカのツバメは卵やヒナが捕食者にやられてしまう頻度が高く、よいなわばりを選ばなければ子孫を残せないため、なわばりを吟味するのだと考えられています。カラスなどの捕食者は、巣を攻撃して壊してしまうことが多いため（図３-８）、

図3-7　オスの典型的な求愛姿勢２例。翼が尾羽より下がっている。口絵4のさえずりなど、メスに求愛中でない場合は、翼を尾羽の上にのせてさえずる。

以前使われていた巣が壊れることなく残っているということは、子を育て上げるのに適した場所である可能性が高いと言えます。巣の状態をあらかじめチェックすることで、ツバメもよいなわばりが判別できるのでしょう。

そもそも、なぜ捕食圧《ほしょくあつ》＊に地域差が生じるのかは第5章にまとめますが、このエピソードは、常識を疑って自分で調べることの大切さを教えてくれます。

オスがメスに提供する資源は、なわばりだけではありません。繁殖を開始する前にどれくらい巣作りをがんばるかということも、メスがそのオスとの繁殖を決める上での判断材料になるようです（図3-9）。ヒトに例えるなら、よい土地をもっているだけではなく、よい家を立てられることも重要ということになります。ツバメの場合、巣作りをがんばるオスは子育てもがんばることが知られているので、これによって将来的な「よい父親」を選んでいるとも言えます。ちなみに、メス自身を他のオスのちょっかいから守ってくれるかどうかも判断材料になっているそうです。「配慮に欠けるオスはダメ」とも言えそうです。

図3-8　ハシボソガラスがツバメの巣を襲っているところ。換気口の上に巣がある。

＊**捕食圧**　捕食が対象生物に与える影響の大きさのこと。

ヒナに擬態して誘う

ここまで、さえずりや羽毛の美しさ、またなわばりといった資源など、わりと直感的なメスの好みについて記してきました。美しいオスや充実した資源を保有するオスがモテるのはもっともに思えます。

では、メスの好みの対象はそのような特徴だけなのでしょうか。もちろんそんなことはありません。ここでは、最近明らかになった、もうひとつの好みについてご紹介します。

ツバメの求愛行動を描いた図3-6で、ツバメがさえずりとは違う声をメスに聞かせているのが気になった方もいるでしょう。求愛中、オスは複雑なさえずりとは対照的に、シンプルな声の繰り返し――ヒトには「じーじーじー」と聞こえる声(以下、じーじー声)を発します(図3-10)。

求愛行動の最中でしか発せられない声なので、ツバメに詳しい方でも「そんな声聞いたことないぞ」とおっしゃるかもしれません。私自身、この声を録音しようと独身のオスのなわばりの前で一日中粘っても、1度も聞けないこともよくあります。それほど聞くのが難しい声で、鳥類学者にもあ

図3-9　巣材(泥)をくわえているオス。巣作りを積極的に行うオスがいる一方で、メス任せにするオスもいる。

まり知られていません。ヒトの場合でも、他人のプロポーズの瞬間に立ち会うことは滅多にないですし、他の生物の求愛の声など、意識しないとなかなか気づかないものです。

逆に、聞いたことのある方はかなりのツバメ通でしょうし、まだ聞いたことのない方はこれから聞くチャンスがあるということです。ツバメがまさにプロポーズする瞬間に、いつか立ち会えるかもしれません。ちなみに、私たちの調査地でのプロポーズ成功率はおよそ60％で、成功するとその日から2羽で一緒に眠るようになります。

さて、このじーじー声、なぜ発するのか、最初は全く分かりませんでした。さえずりのように特に美しい要素もないし、とても単純な声なので、単に自分の巣場所が分かるように鳴いているだけに思えたのです。

ところが、よくよく聞いているうちに、ヒナの声に似ていることに気がつきました。「ひょっとしてヒナに擬態しているのか」と考え、ヒナの声をスピーカーで流してみると、びっくりすることに、独身のメスがオスのじーじー声とヒナの声の両方に対して同じように反応し、近くの古巣をのぞき、ヒナを探すようなそぶりを見せました。また、コンピュータを使っ

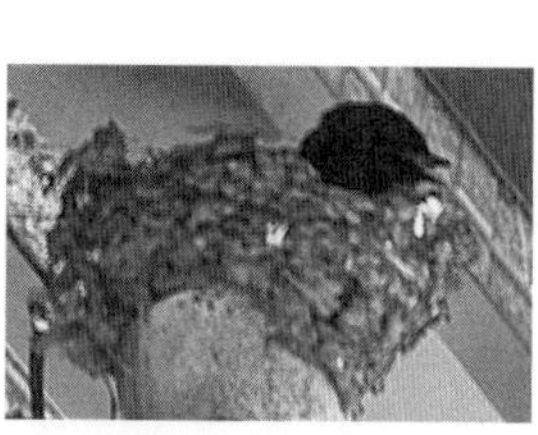

図3-10　なわばり内の古巣のなかに入ってメスを呼ぶオス。このときにじーじー声を出して求愛する。

てオスのじーじー声をヒナの声にさらに似せて再生してみると、メスの反応が強まりました。

どうやらメスは、この「じーじーじー」というオスの声とヒナの声を混同して、間違って近づいているようなのです。擬人的に表現すれば「母性本能をくすぐられ」、ヒナらしきかわいい声についつい近寄っていってしまう、ということなのかもしれません（図3-11）。

子を育て上げるというのは、メスにとってはとても大事なイベントで、それゆえにヒナの声に反応するという性質は、自分の子でないと分かっていても、容易に捨て去ることができません。オスはそのようなメスの性質を逆手に取って、メスを騙《だま》して自分のなわばりへと誘導できるように、ヒナに似た声で求愛するように進化してきたのでしょう。

考えてみれば、カッコウのように別種の子育て欲求を刺激して、自分の子を育てさせる鳥もいます。哺乳類でも、猫が飼い主に餌をねだる際に、人の赤ん坊に

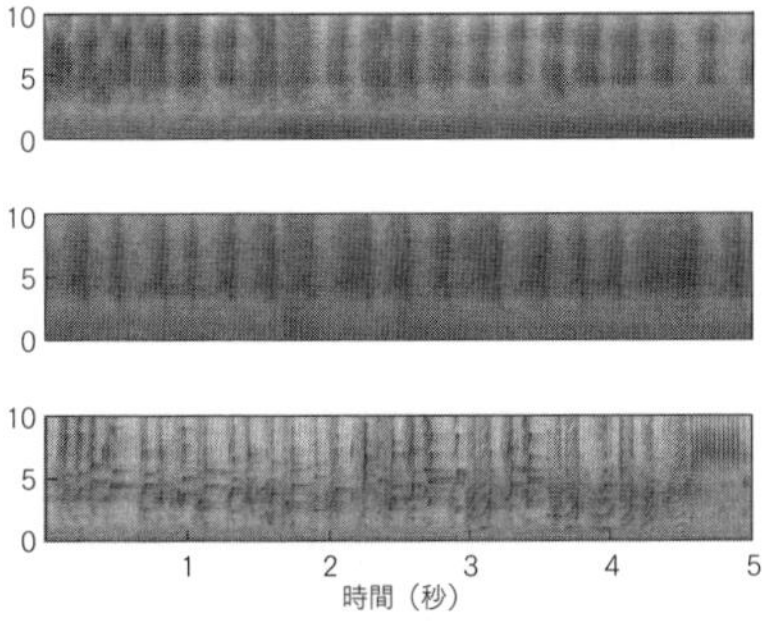

図3-11　各音声の音響構造を示すスペクトログラム（＝ソナグラム）。ツバメのオスが発する「じーじーじー」という声は、ヒナの声に似ている（上からヒナの餌ねだり声、オスのじーじー声、さえずり）。縦軸は周波数。Hasegawa et al. (2013) Anim Behavより転載。

似た音を出して、飼い主の世話行動を引き出しているという話もあります（図3－12）。

そのため、鳥が同種の声を真似していたとしても、不思議ではありません。むしろ、もともと自分が幼い頃に使っていた特徴を再利用するだけなので、別種をまねして、自分のもっていない特徴をわざわざ一から作り上げるのに比べれば、進化的にはよりたやすいでしょう。

実際、子育てする鳥は子育てしない鳥よりも、親が子に似た特徴を示すことも知られています。ツバメのみならず、「子に擬態する」ことは、子の世話をする生物にはわりと普遍的な現象であるように思えます。

一般的に「美しさ」というものは、成長して成熟するほど磨きがかかるものですが、このじーじー声のように、未熟なほど魅力的な「かわいさ」という特徴もあるようです。どんどん雛形から外れていくのが「美しさ」であり、その逆に、文字通り雛形に近づこうとするのが「かわいさ」であると言い換えることもできます。似ているようで、正反対の魅力です。

ヒトでも、美しさとかわいさは別物ですが、ヒトも子育てをする動物の一種なので、似たような特徴をもっていてもおかしくありません。こういっ

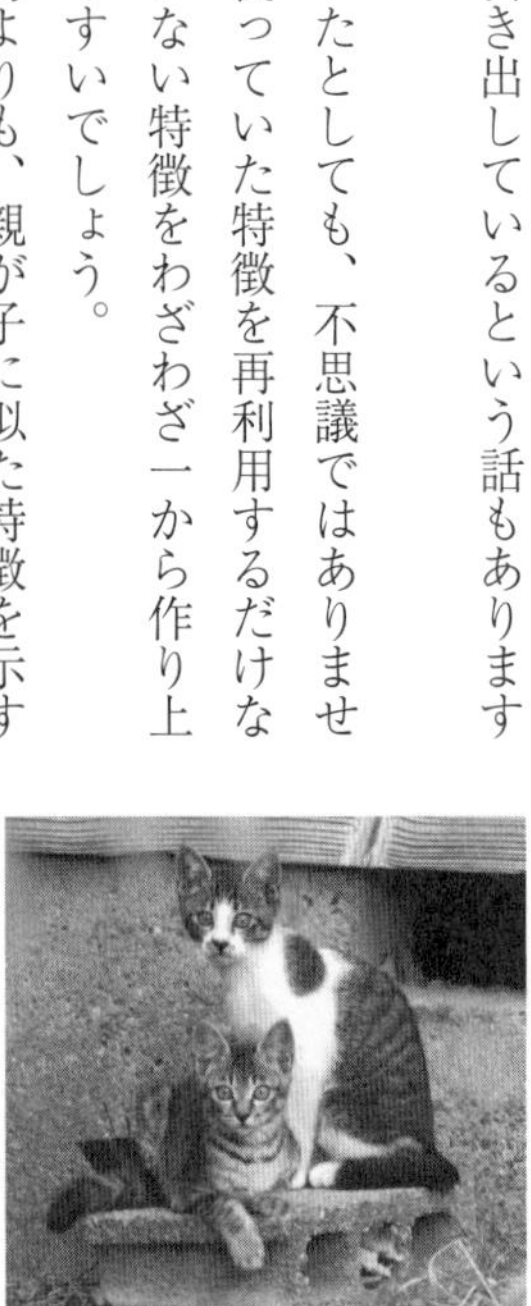

図3-12　ノネコ（一般には野良猫と呼ばれる）。ツバメにとっては捕食者だが、「かわいい」見ためと鳴き声でヒトを味方につける。

た感覚があるからこそ、子どもの声で村人を誘引する「子泣きじじい」という妖怪に信憑性があるのでしょう。

この「子に擬態する」という現象はまだ発見されたばかりで、生物の生態や進化にどれほどの影響を与えているかは全く分かっていません。今後少しずつ解明していけたらと思います。

ツバメは浮気者?

さて、ここまで独身の雌雄がペアを形成するときの話をしてきましたが、ツバメを語る上で欠かせないのが「浮気」の話です。

一昔前までは、オスとメスが一夫一妻で子育てするツバメなどの鳥は、浮気などしない誠実な鳥だと考えられてきました。ところが、1980年後半以降にていねいな行動観察が行われ、一夫一妻の動物もさほど誠実ではないことが明らかになってきました。

ツバメはそのなかでも先頭を行く存在で、メスが夫以外のオスと浮気をして子をなしているだけでなく、自身の夫が魅力に欠けるときほど浮気して子を作ることが（全生物で）初めて分かった鳥です。この研究はとてもセンセーショナルだったため、トップ科学雑誌の「Nature」に掲載され、世界的に有名になりました。

その後、DNAを用いた父性判定により、巣内の卵のおよそ3割は夫以外のオスとの浮気によってできた婚外子であることが明らかになりました。一見誠実そうなツバメにもこんな不誠実な現実があると、メディアも鳥類専門の書籍もこぞって取り上げたものです。

日本でもこの話が紹介され、「あんなに仲よさげに見えるツバメが実は……」といった感じでおもしろおかしく伝えられました。しかし、厳密に言えば、この表現には語弊があります。実際に父性の調査が行われたのは、コロニーと呼ばれる集団繁殖地で高密度で繁殖するヨーロッパのツバメだったからです。

コロニーでこのような研究が行われたのは偶然ではなく、密度が高く、またそれゆえに調査がしやすいために、父性の研究や関連分野の研究に用いられたという経緯があります。そもそも浮気が生じやすい環境で調べているのだから、浮気の頻度も高く算出されて当然でしょう。しかし、実際には各地のツバメは密度が大きく異なり、アメリカや日本のツバメはヨーロッパより低密度で繁殖することが知られています。

私たちの調査地の1つである新潟県上越市では、繁殖ペアは他ペアの繁殖巣から平均20m離れて繁殖します。他の調査地でも、街中ではだいたい同じような密度です。ヨーロッパの集団では、繁殖ペアは同じ建物のなかで平均3m前後の距離しかあけずに巣をかけるので、全く状況が違います。

東京大学のグループに協力いただいて父性を調べたところ、子の97%はその巣の世話をしている父親の実子であり、婚外子はたった3%しかいませんでした（図3-13）。ヨーロッパの浮気率の10分の1にすぎません。ヒトの婚外子がだいたい3%と言われていますから、似たような数字です。つまり、私たちが普段見ている街中のツバメは、かなり誠実だということになります。

私たちがよく見るように、ツバメの夫婦はかなりの時間一緒にいます。近くで目を光らせていれば、自分の奥さんが他のオスにかどわかされる機会を減らすことになり、（セクシャル）ハラスメントを受けるリスクも減ると考えられます。夫婦が一緒にいる

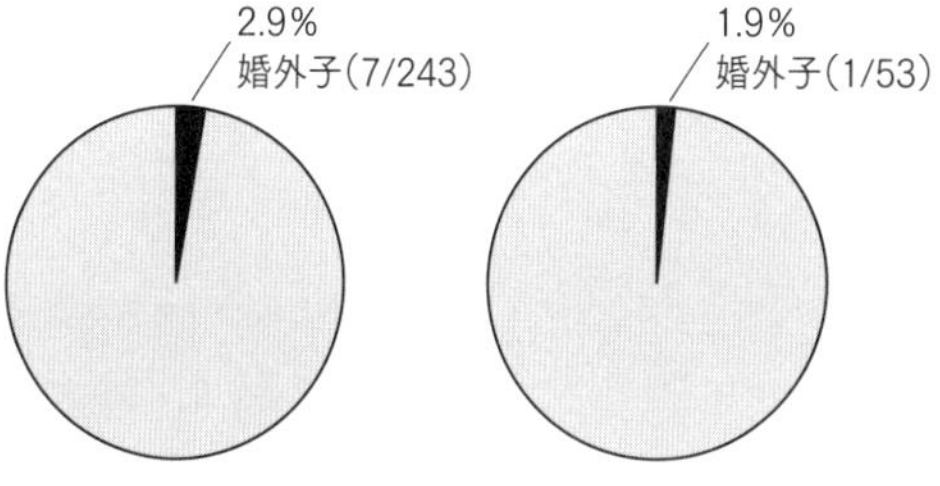

図3-13　街中のツバメに婚外子はほとんどいない。左の図は2005年、右の図は2006年の結果で、それぞれ243羽のヒナのうち7羽、53羽のうち1羽が浮気によってできた子で、残りは全てペアの実の子だった。データはHasegawa et al. (2010) Ornithol Sciより。

時間は、メスが交尾を受け入れて卵を産むことができる受精可能期（つまり浮気によって婚外子が生じる期間）に特に長くなっており、オスがペアのメスをストーカーのように追従することが、その原因のようです（図3-14）。

　このようなオスの行動を専門用語では「配偶者防衛行動《はいぐうしゃぼうえいこうどう》」という少々いかつい用語で呼び、ヨーロッパのツバメで研究が進んでいますが、日本のツバメでも同様のパターンが確かめられています。ツバメの密度が低くなると特に有効に働くことが分かっているので、街中のツバメでなぜ婚外子が少ないか、この配偶者防衛行動を考慮することで見えてきます。単に生息密度が低くて他のツバメに遭遇する機会が少ないだけでなく、その少ない婚外交尾の機会も配偶者防衛行動によってつぶされるのです。

　一連の婚外子の研究は、前述のなわばりの話と同じで、見たこともない外国で行われた研究を盲目的に身近な生物に当てはめるより、自分の見ている生物像を正しく認識することが大事だと教えてくれます。確かに、「寝とったオス（浮気相手）は寝とられたオスよりも美しい」とか、「シンメトリー（左右対称性）が強い」とか、「メスは血縁関係にあるオスと浮気

図3-14　繁殖ペアのほか、別の1羽が巣場所を訪れたところ。配偶者防衛行動によって、浮気のリスクを減らすことができる。

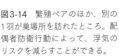

している」など興味深い報告があると、自分の知っているツバメにもそのようなツバメ像をつい押し付けてしまいがちです。

しかし、これではあべこべです。すぐ目の前に対象の生物がいてありのままの姿を見せているのに、見たこともない海外の話を自分の身近な生物に無理やり当てはめてしまうのは、その対象の生物自身の真の姿から目を背けてしまうことになり、もったいないと思います。

子殺しと離婚

ここまでは主に、独身のオスがいかに独身のメスを獲得するか、言わば、互いに未婚と見込んだ場合の話に絞ってきました（ダジャレです）。ツバメは死亡率が高い鳥ですから、この前提はわりと納得のいくものです。新たに未婚の相手を見つけることが、初めて繁殖する鳥はもちろん、前年のペア相手がいない場合にも最もシンプルな方法になります。

しかし、ヒトでも恋愛が絡むとイレギュラーなことが起こるように、ツバメにも正攻法以外で繁殖にこぎつける方法がいくつか存在します。ここでは、そのうちの代表的な2つの例、「子殺し」と「離婚」についてご紹介します。

「子殺し」というと、どこか遠くの国のよく知らない生物が行う奇異な現象のように思われがちですが、ツバメを含め、わりと一般的に行われる現象です。

子殺しで特に有名なライオンでは、繁殖オスが入れ替わる際、新しく入ったオスが前のオスの子どもを噛み殺して繁殖をリセットし、子育てしていたメスが自分と早く繁殖するように促します。現在進行中の子育てが終わるまでおとなしく待つよりも、すぐに繁殖を終わらせてしまった方が自分自身の繁殖を早く開始できるので、理にかなった行動と言えます。

同様に、ヨーロッパでは昔から、ツバメのオスが他の巣ですでに繁殖中のメスのヒナを殺すことが知られており、アメリカや日本でも同様の報告があります（ちなみに、ツバメではメスも子殺しするという報告があります）。子殺しは英語でinfanticideと言い、語源はinfant（幼児）-cide（殺し）です。インターネットで検索すれば、実際の子殺しをするオスの様子を確認できます。

白状すると、私はこの子殺しという現象をずっと疑っていました。新しくその巣を使うことになったオスが、なんらかの理由でヒナをゴミと間違え、誤って巣の外に出してしまっているだけなのではないかと思ったためです。殺されるのが卵からかえったばかりの小さなヒナであることから、結果的に子殺しを行うオスは、積極的に殺しているわけではなく、繁殖経験が浅いなどの理由で勘違いしてしまっただけの不幸な事故だったのではないか、と思っていたのです（実際、親鳥の足に引っかかって巣から落ちたり、巣内のゴミを運ぶときにゴミと一緒につまみ出されてしまうことがあります）。

しかし、私たちがビデオを撮っていた巣で、オスが巣立ち間際のヒナをなんども執拗に突き、巣から引きずり出して殺しているのを目の当たりにし、考えを改めました（図3-15）。無抵抗の幼児（いわゆるinfant）ならともかく、十分大きくなって必死に巣にしがみつくヒナを「間違って」巣から落としてしまうという可能性は考えられません。今では、子殺しはオスがヒナを殺そうとして行っている行動に間違いないと考えています。

繁殖中の巣からヒナがいなくなれば、オスはその巣をすぐに繁殖に使うことができます。すでに繁殖中の巣ならば、少なくともその時点までは無

図3-15　子殺しをするオスのツバメ。悲鳴をあげて抵抗するヒナを何度も執拗に突っついて巣から落とした。Hasegawa & Arai (2015) Wilson J Ornitholより転載（元論文には動画も掲載）。

事に繁殖できたことの証明にもなるので、自分で新しく巣場所を見つけるよりお得なのかもしれません。

子殺しは直前に繁殖していたオスの子を殺すという、なかなかショッキングな繁殖戦略ですが、「結婚を続けるか、離婚するか」という二択も、当人たちにとっては大きな分かれ道となり、その後の繁殖を左右します。日本人の3組に1組が離婚するとも言われる今日この頃ですが、ツバメたちはどうなっているか、離婚事情に迫ってみましょう。

第1章で紹介したように、ツバメは死亡率が高いとはいえ、それでも毎年50%は帰還します。単純計算でも50%×50%で25%は、前年のペアが雌雄とも生きて繁殖地に戻っているわけです。生き残った個体からすれば、相手が戻ってくる可能性は五分五分です。これらの元ペアは果たしてペアを維持するべきか、それとも離婚するべきなのでしょうか。

結論を言えば、これは前年の相手をもう一度利用可能かどうかによります。見知らぬ異性を新たに選んで繁殖するより、前年連れ添った相手と繁殖する方が繁殖成績がよいことが知られているので、新しい相手と前年の相手、どちらかを選べる状況であれば前年の相手を選ぶべきです。実際、同じ年に続けて複数回の繁殖をする場合、（少なくとも繁殖を成功した後は）同じ相手とそのまま繁殖することがほとんどです。

しかし、翌年改めて繁殖を開始する際には、前年の相手が生きていても、相手がすでに別の相手とペアになっていたり、近所にいない場合、ペアを維持することはできません。すぐ近所に帰ってきても、お互いが越冬地から帰還するタイミングがずれてしまうと、生きているか死んでいるか分からない相手をいつまでも待つリスクを抱えてしまうことになるので、別の相手を探した方がよいことになります。

結局、私たちの調査地では、前年のペアの両方が生きて戻ったツバメの過半数、65％が離婚していました。少し薄情にも感じますが、死亡率が高い場合にはいたしかたないことかもしれません。

私たちヒトも、戦時中は配偶者が行方不明になってしまい、やむをえず新しい配偶者を招いたことも多かったようです。現実問題としてお家断絶を防ぐには、最善の相手を待つより、手近な異性で手を打った方が確実です。だからこそ、ホメロスの描いた『オデュッセイア』*のペネロペのような、帰るかどうかも分からない配偶者をひたすら待つ話が讃えられるので

＊オデュッセイア　古代ギリシャの吟遊詩。英雄オデュッセウスがトロイア戦争を経て10年の漂流の果てに故郷に帰還するが、妻のペネロペはその間求婚者を退け、夫の帰りを待った。

しょう。

謎多きメス

ここまで、オスの見た目や特徴が、配偶者を獲得する上でどのような意味があるのか、未婚個体への正攻法の求愛のほか、子殺しといった反則に近い方法までご紹介しました。

しかし、勘の鋭い方はお気づきかもしれません。ここまで「メス」の見た目や特徴の話は少しも出てきませんでした。ツバメもヒトと同じく一夫一妻なら、メスがオスを選ぶのと同じようにオスもメスを選んでいたり、オス間で異性をめぐる闘争があるようにメス間でも争いがあるのではないか、そう感じた方もいらっしゃるのではないでしょうか。

おっしゃるとおりだと思います、本質的には、好みも闘争もオスに限定した話ではありません。オスほど派手でないとはいえ、メスにも赤い喉や燕尾があり、これらの特徴にもいくばくかの意味がある可能性が高いと考えられています（図3-16）。

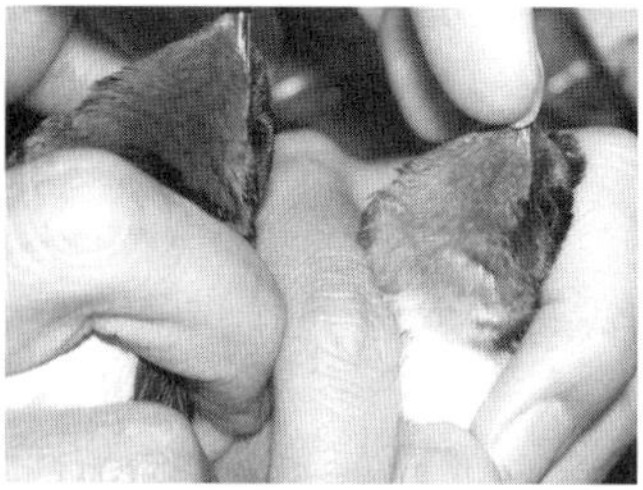

図3-16　オスほどではないとはいえ、ツバメのメスも派手な特徴をもつ。左図はオス（左）とメス（右）の喉を比較したもので、右図はメスの燕尾とワイプで白斑を示したもの。画像はHasegawa et al. (2015) J Ornitholより。

でも残念ながら、ツバメというとても身近な生物ですら、メスの特徴が配偶者を獲得する上でどのような意味があるのか、ほとんど分かっていないのが実情です。メスはオスと違ってさえずったりしてアピールしないので、いつのまにか繁殖地に現れ、いつのまにかペアになっていて、研究が難しいのです。

オスと同じく喉色や燕尾などの特徴が効いているとする研究もあるのですが、どれも決定的な証拠に欠けていて、確実なことが言えるのはまだまだ先になりそうです。人気のテーマである好みや闘争の研究においてすらこのような有様だというのが、野生生物研究のもどかしいところです。

さて、オスのことばかり説明してメスについては全然紹介しない、というのはなんだか不公平なので、次の章では主にメスが主導する子育ての話に移りたいと思います。

本章では、雌雄がどうやって繁殖の機会にありついているかがテーマだったため、オスとメスの意思決定が分かれば、だいたいの説明はつきました。しかし、子育てではオスとメス以外に、子という第3の存在が絡んできて事態がややこしくなります。次章はそんなツバメの家族の話です。

現世の動物や化石中のメラニン色素

藤田医科大学医療科学部 名誉教授　若松一雅

このコラムでは、鳥類の羽毛、ヒトの毛髪や皮膚の色、さらには最近の化石の色素について、知見を簡単に述べたいと思います。

自然界の動植物の「色」を決定している色素としては、ヘモグロビン、クロロフィル、カロチノイド、フラボノイドなどのほか、メラニン色素が知られています。メラニンは動植物界に広く分布し、脊椎動物では大部分が体表に存在しています。動物においては、毛髪、皮膚、眼の色素形成は、メラノサイトという細胞中のメラノソームという顆粒内で合成され、メラノソームは周りのケラチノサイトへ移動し、毛髪や表皮の色を決定しています。

メラノサイトは、眼の脈絡膜、虹彩、内耳などにも分布しています。その他、通常のメラニン生成過程とは異なって、ヒトの中脳内の黒質や青斑核のドーパミン、ノルエピネフリン作動性ニューロンにも、黒色のニューロメラニンと呼ばれる色素が沈着し、パーキンソン病とこのニューロメラニンが密接に関連していることが知られています。脊椎動物に

ツバメ豆知識 2

おけるメラニンの分布を調べてみると、体全体に存在していることが知られています。

藤田医科大学医療科学部化学研究室では、このメラニン色素がどのように生成するか、生体のなかでどのような構造であるか、また一体、メラニンの役割は何であるかに興味をもち研究を続けています。その一環として、メラニンの分別微量化学分析法を開発しました。

そもそもメラニンという術語は、1840年に有名な科学者であるBerzeliusが黒い動物の色素を指す言葉として作り出し、その後、ユーメラニン（EM）、フェオメラニン（PM）、アロメラニンとい

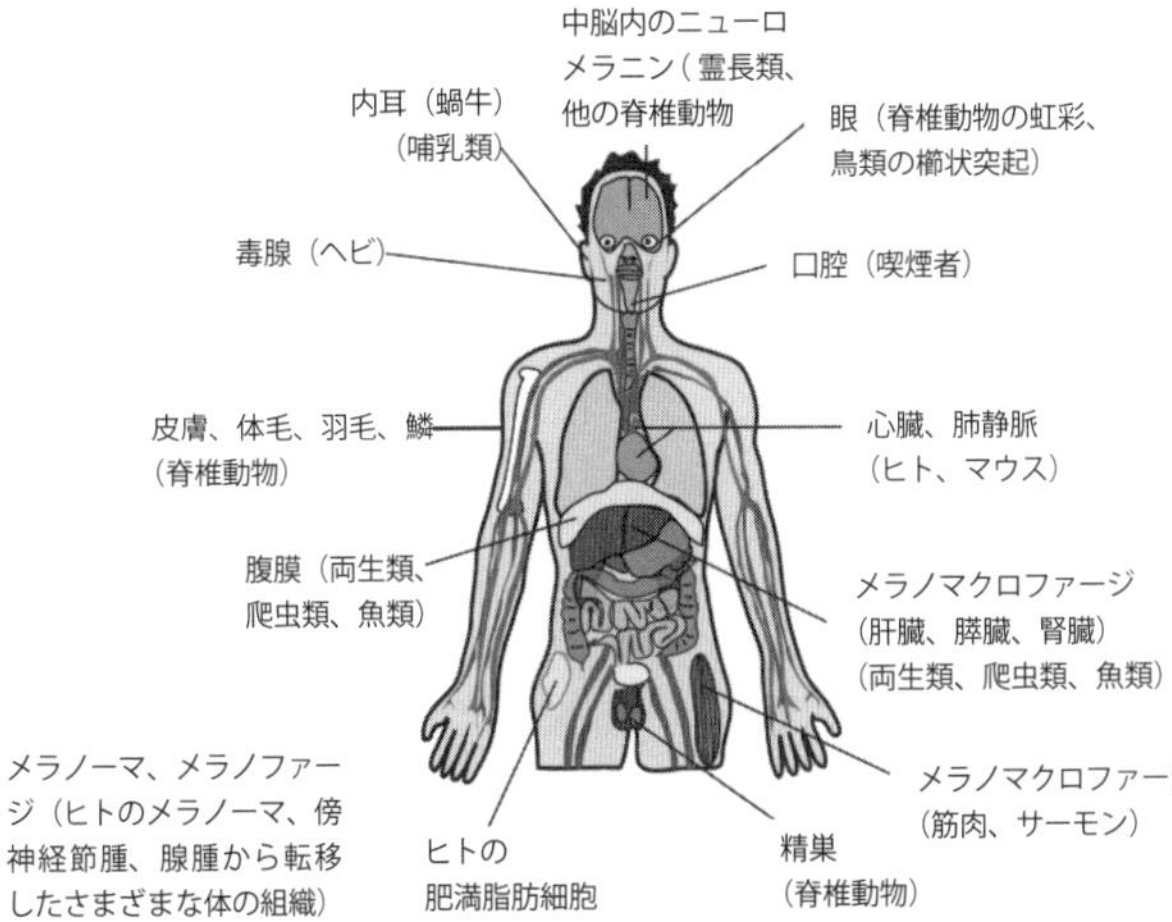

図　脊椎動物におけるメラニンの分布

うキーワードが作られました。さらに、イタリアのProtaにより、メラニンという言葉の定義として、「チロシンまたはその関連代謝物により細胞内で生成する色素のみに限定する」ことが提案され、現在では、「動物におけるチロシンおよび下等動物のフェノール化合物の酸化、重合反応から由来する幅広い構造と起源をもつ色素」と定義されています。

一般にメラニンは、黒色〜黒褐色の色素をEM、黄色〜赤色の色素をPMと言い、これらが複雑に混合した高分子化合物です。鳥の羽毛、マウスの体毛、ヒトの毛髪や皮膚色は、目で見た色を反映しているので、どちらのタイプのメラニンが含まれているかは大体予想できます。しかしながら、実際のメラニンの定量をしなければ、それらがどのくらい含まれているのか、どのタイプの構造をもったメラニンなのかは分かりません。

メラニン色素の機能は、その複雑な構造により、カモフラージュ、光の吸収と発散、ラジカル捕捉、エネルギー調節、熱の保持、半導体の機能など、多様な特徴をもつことが知られています。実際、メラニンは小さなユニットが集まった高分子化合物ですが、そのユニットが、たとえば外界からの刺激によって簡単に変化し、生体に特異な影響を与えることが知られています。これらのユニットを調べるためにわれわれが開発した分別微量化学分析法では、正確にメラニンの割合と構造を推定することができます。

ツバメ豆知識 2

このメラニン分析法は、アルカリ性過酸化水素酸化によるEMの定量法と、ヨウ化水素酸水解によるPMの定量法です。それらの分析法を用いて、ヒトの毛髪、皮膚のメラニン量を人種ごとに測定すると、ヒトにおいては、毛髪も皮膚もEMが大半を占めていました。

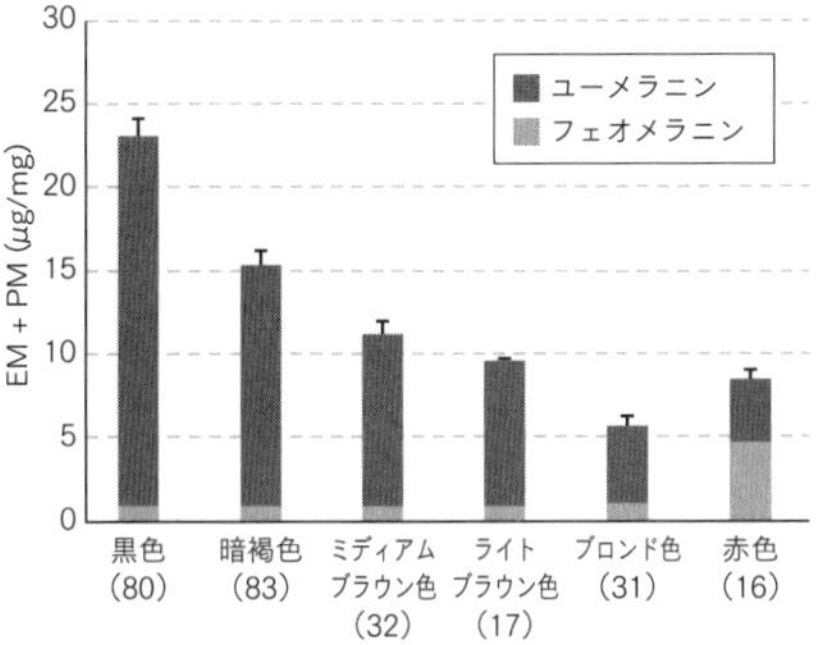

図　さまざまな人種の毛髪中メラニン量

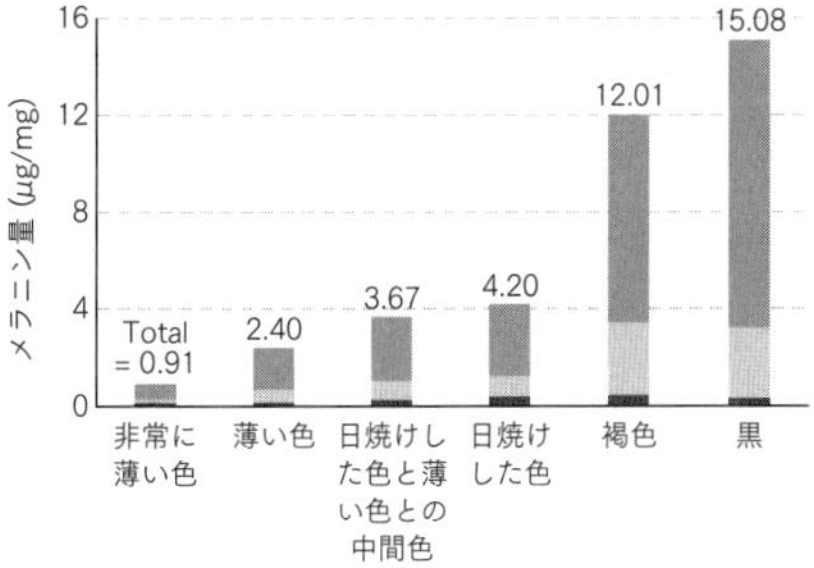

EM	0.67	1.77	2.68	3.02	8.62	11.8	(μg/mg)
BZ-PM	0.16	0.50	0.75	0.79	2.98	2.90	
BT-PM	0.08	0.13	0.24	0.39	0.41	0.29	

EM (PTCA):
PTCAはEMの分解生成物

BZ-PM (TTCA):
TTCAはBZ構造単位を持つPMの分解生成物

BT-PM (4-AHP):
4-AHPはBT構造を持つPMの分解生成物

図　さまざまな人種の皮膚中メラニン量

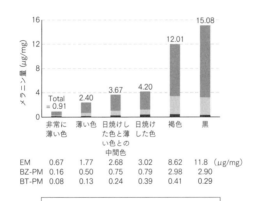

ブロンドの毛髪でさえ、EMがrichであり、赤毛のみが例外でした。ヒトと違って、マウスの皮膚と体毛のメラニンは、別個に調節されていることも分かりました。

鳥類は、哺乳動物と比較にならないくらい複雑で変化に富むカラフルな体色をもっています。色を巧みに利用して体色を保護色としてだけでなく、自己表現の手段としても利用しているかもしれません。

鳥の羽毛においては、黄色い色素にはカロチノイド色素が含まれていると報告されていますが、必ずしもそうでなく、キンカチョウ（Zebra finch）のオレンジ色や褐色の頬や脇腹の羽毛、オウサマペンギン（King penguin）、マカロニペンギンやヒヨコの黄色の羽毛については、カロチノイド色素が含まれていないことが報告されています。

おもしろいことに、オウサマペンギン、マカロニペンギンの黄色い色素には、Barn swallow（ツバメ）の羽毛に比べて、メラニンは少ししか含まれておらず、ヒヨコにおいても、同様にEMは少なく（オウサマペンギンやマカロニペンギンのさらに約5分の1）、PMは測定感度以下でした。このことから、これらの黄色い色素には、メラニンやカロチノイド以外の黄色色素が含まれている可能性が指摘されています。

一方、ツバメの羽毛は、かつてカロチノイド色素を含んでいるという報告がありました

ツバメ豆知識 2

図　キンカチョウ（上）、オウサマペンギン（右上）、マカロニペンギン（右下）。カラー版は口絵41参照。

が、現在は構成色素の少なくとも99・99％がメラニン色素であることが分かっています。

またキンカチョウでは、クチバシの赤色と足のオレンジ色を作っている色素は、メラニンではなく、リポクローム色素と呼ばれるカロチノイド色素を生成します。リポクロームはキンカチョウの羽毛上には検出されませんでした。他の鳥類、たとえばカナリアなどでは、リポクロームはカナリアイエローとレッドの羽色を作るもとになっています。カナリアやキンカチョウなどは、カロチノイド色素を生成する種、果物、昆虫などを食べます。

このカロチノイドは、酵素により「ケトカロチノイド」として知られている赤色の色素に変換されます。使われる酵素は、目、羽毛、くちばしや皮膚などで活性化されます。オスは、赤みが強いほど、繁殖相手を見つける成功率が増します。一部の鳥のくちばしや羽毛を「赤色」にしている要素はこれまで謎でしたが、体の着色に影響する遺伝子が、解毒作用にも関係し、より広範囲な遺伝子群に属していることが分かりました。

このことから、鳥の体の赤色は、有害物質を体から容易に排出できる強健な個体、すなわち上質な繁殖相手を指し示す「印」である可能性があります。多くの鳥類では、雄は赤みが強いほど、繁殖相手を見つける成功率が高くなると言われています。鳥類における赤の着色の進化と生態に関する研究は、今後多くの道を開くに違いありません。


最近、化石のメラニンを測定する機会がありました。1億6000万年以上前のジュラ紀に生息していたイカの墨袋の化石です。これは化石化したイカの墨袋にEMが存在することを初めて報告した例です。この化石の墨袋の外見は、現代のイカ墨の墨袋と区別がつかないほどよく似ていました。しかしながら、化石化した墨袋の構造は、現代の墨袋と異

ツバメ豆知識２

なり、化石が堆積した際に起こる続成作用[*1]と熱による熟成[*2]により、EMを構成する単位がより複雑に交差結合[*3]していることがわかりました。この軟組織の研究は、今では絶滅した生物種、そしてこれらの生物と現代の生物との関係について、全く新しい扉を開く可能性が考えられます。

錐体細胞や桿体細胞が存在する眼の化石が世界で初めて発見されました。3億年前の棘魚類の一種、アカントーデスのものです。

われわれの分析により、アカントーデスの眼からEMが検出され、桿体細胞、錐体細胞、そしてEMの存在から、アカントーデスの眼がretinomotor activity（錐体細胞が活発な日中と、桿体細胞がより活発な夜中の2つの視覚様

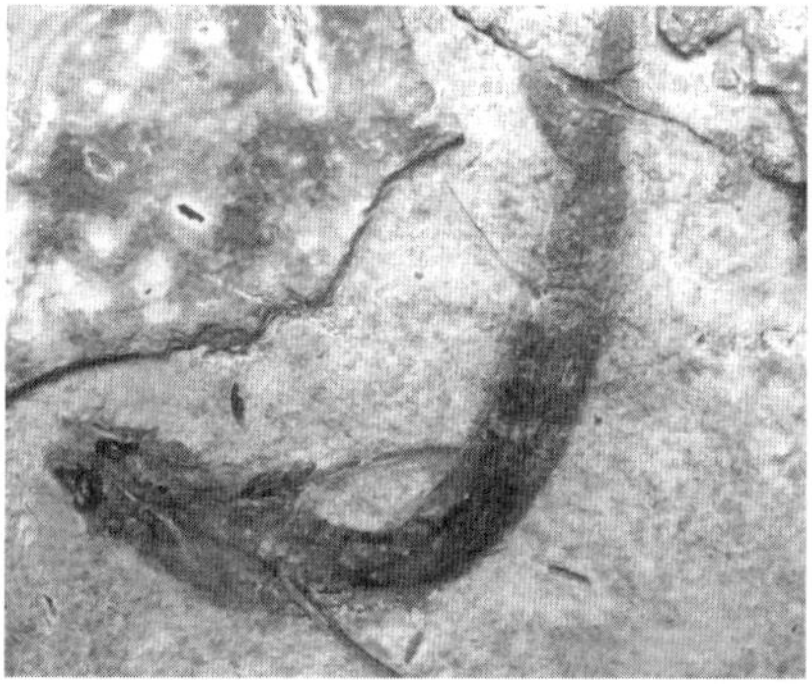

図　アカントーデスの化石

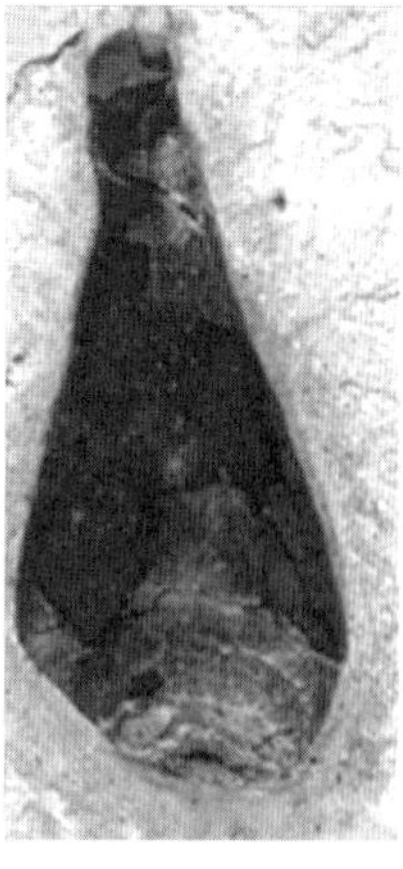

図　イカの墨袋

式）をもっていたことも分かりました。

一般に、メラノソームの形がソーセージ状の細長い組織はＥＭを多く含み、ミートボール状の丸い粒状の組織はＰＭを多く含むと言われていますが、必ずしもそうではありません。２０１０年にイギリスと中国の研究チームが、化石の羽毛の表面を電子顕微鏡で観察して、これらの組織を発見しました。その形と、現代の鳥の羽毛組織の密度、大きさ、形などとを比較することで、羽毛恐竜の色が分かったと報告しています。しかしながら、それだけでは不十分で、実際のメラニン量を測定する必要があります。

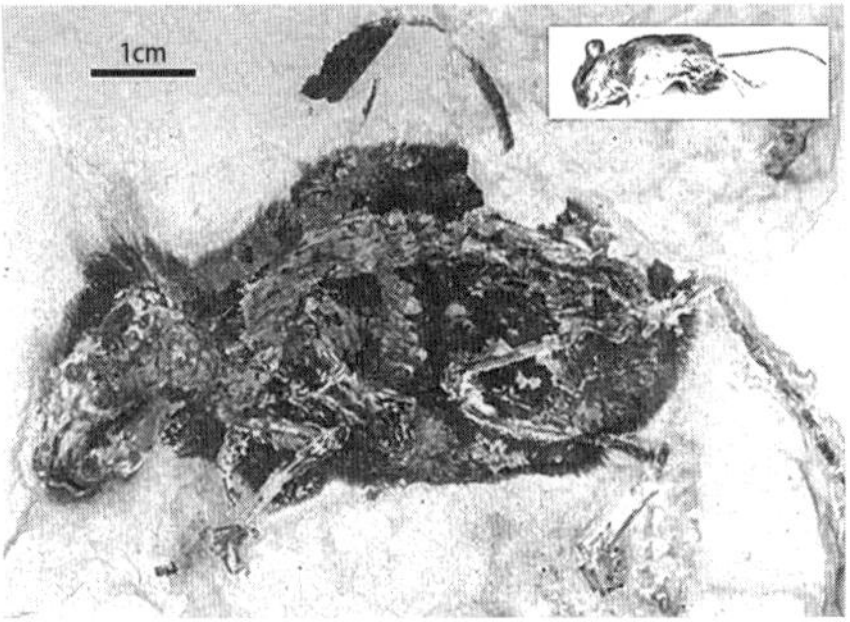

図　マイティマウス

今まで、化石からは黒色色素のＥＭのみが検出されていましたが、最近、３００万年前の絶滅したマイティマウス（Apodemus atavus）の化石から、ＰＭの毛皮の色が復元できました。メラニン分析とシンクロトロンＸ線蛍光分析により、ＰＭに含まれる亜鉛、有機硫黄を検出し、色素分布の画像化により、背中、側面は赤茶、腹部は白と復元されました。

ツバメ豆知識 2

ルント大学と藤田医科大学との共同研究で Nature 誌に掲載された論文によると、約1億8000万年前のジュラ紀に生息したイクチオサウルス（現在のイルカなどのハクジラ類に外見がよく似ている魚竜）の化石から、その化石の皮膚が内部層と表層、その下部に脂肪層をもっており、さらにメラニン形成を行っていることが分かりました。化石化された脂肪層とメラニンの存在についての最初の報告です。

このことは、この動物が温血の爬虫類であることを示唆し、イクチオサウルスの皮膚がカウンターシェーディング、すなわち腹の部分が明色で背中の部分が暗色のパターンでメラニンを形成していることを明らかにしました。ジュラ紀に既にこのような特徴をもった生物がいたことが分かったわけです。

現生の海生哺乳類にも見られるこの色調は、

図　イクチオサウルスの化石

隠蔽、紫外線防御に働き、体温調節に役立つものと考えられています。この発見から、イクチオサウルスをはじめとするこれらの先史時代の海洋爬虫類が温血であり、今日のイルカやクジラのような滑らかな肌をもっていることが判明しました。

古代の化石の体色を知ることは、私たちを楽しませてくれるだけでなく、生物進化や生物多様性創出の分子基盤を考察する上での、重要な一助となるはずです。

＊1　**続成作用**　堆積した泥・砂・れき・火山灰・生物の遺骸などの粒子が、長い時間とともに互いに癒着（ゆちゃく）して固まっていく作用のこと。

＊2　**熱による熟成**　物質を適当な温度などの条件のもとに長時間おいて、ゆっくりと化学変化を起こさせること。

＊3　**EMを構成する単位がより複雑に交差結合**　EMの構成単位が互いに化学結合し、架橋構造（橋かけ構造）となることにより、より複雑な高分子化合物を作る結合様式のこと。

図　イクチオサウルスの想像図

第4章

子を育てる

卵の工夫

子育てと言えば、ヒトでは赤ん坊が生まれてからの話で、いかにして未熟な子を立派な大人にまで育て上げるかが問われます。これに対し、鳥ではまず卵を産み、それを温めたのちにやっとヒナが誕生することになるので、哺乳類に比べると子育てに一手間余計にかかります。

卵そのものからして、スーパーに行けばいつでも手に入るお手軽な食品でありながら、栄養豊富な完全食品であり、子が順調に育つための手間暇と工夫が詰まっています。同時に、妙に人を惹きつける不思議な魅力あふれる物体でもあります。

ツバメの子育てについて、まずはこの「宇宙一完璧な存在」とも呼ばれる卵と、そこに込められた工夫を紹介していきます。

ツバメの卵もニワトリの卵と同じで、典型的な卵形をしています。鳥によっては卵が球状だったり、恐竜やワニのように楕円体だったりしておもしろいのですが、そこまで変わった形ではありません。

ただ、ツバメの仲間でもよくよく見ると、卵の形は巣の形に依存してい

図4-1　ツバメの卵（鏡を使って巣のなかをのぞいたところ）。メスは1回の繁殖で4～6個の卵を産む。卵は一度に全部産むのではなく、基本的に1日1卵を産んでいく。ちなみに大きさは18×14㎜程度。

ることが分かります。カップ状の巣を作るツバメの仲間（ツバメやリュウキュウツバメなど）は、ドーム状の巣を作る他のツバメの仲間（イワツバメやコシアカツバメなど）に比べて、総じて卵が丸く、やや球に近い形をしています（図４－１）。これは、落ちやすいカップからの転落を防ぐ工夫と考えられていて、誤って巣の縁から落ちないように、転がって巣の中心に戻りやすい形をしていると言えます。

同様に、カップ状の巣で繁殖することは、卵を別の鳥などにのぞかれやすいということになるので、形だけでなく、見た目にも工夫が凝らされています。少しでも発見されるリスクを防ぐために、カップ状の巣を使うツバメ類は卵に赤茶色の斑点があります。

逆にドーム状の巣を使うツバメ類は、そもそものぞかれにくいので、卵が無地になっています（図４－２）。普通のツバメの巣と違って隙間が狭く、なかも暗いので、そこまでカムフラージュする必要がないのでしょう。

卵の工夫は、外側の殻の部分だけではありません。内側の中身についても、いろいろな工夫が盛りだくさんです。まず卵には、免疫グロブリン*やカロテン（図４－３）、リゾチームなど、さまざまな栄養がギュッと詰まっ

図4-2　イワツバメの白い無地の卵（鏡を使って巣のなかをのぞいたところ）。大きさは20×14㎜程度。

＊免疫グロブリン　血中にある抗体としての機能をもつタンパク質。

ています。

「風邪をひいたら卵酒」と言いますが、卵に含まれるリゾチームは細菌を殺す効果があるので、実際、風邪に有効な対処法であることが分かっています。もちろん、本来はヒトではなく、胚を細菌から守るためのものです。

同様に、免疫グロブリンやカロテンも胚の抵抗力を向上させます。私たちは、めんどりが子のために詰め込んだ栄養を横取りして、日々健康を保っていることになります。

ただ、これらの成分も無尽蔵というわけにはいかず、卵を産むほど徐々に減っていくことも分かっています。メスは1日1個、全部で4～6個の卵を1回の繁殖で産みますが、後で産んだ卵ほどこれらの有効成分がいくらか少ない状態になってしまいます。

これを聞くと、遅く産まれた卵は大丈夫なのか、心配になってしまいます。でも、後になるほど栄養が減ってしまう一方で、卵白の量は増えるため、早く生まれたヒナと同程度に育っていけるという報告もあります。

卵白は卵の白身部分のことで、黄身に比べて価値がありそうに見えませ

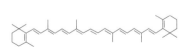

図4-3 カロテンの一種（いわゆるβ-カロテン）の構造式。卵にはさまざまな栄養が含まれており、カロテンには体の抗酸化力を上げる作用もある。Hill & McGraw (2006) Bird coloration I より抜粋。

んが、卵白が増えるほど孵化までの時間が短縮されたり、成長を早めたり、生存率を上げたりする効果があることが分かっています。1つの側面だけを見ると確かに偏りはあるのですが、全体としてそこそこバランスが取れるように、母親はうまく調節しているのかもしれません。

雌雄の産み分け

卵の成分に関連して、母親が胚の性別までコントロールしているという話もあります。ヨーロッパのチームの報告によると、父親の尾羽が長い、つまり格好がよい場合は、メスは息子を産む確率が増すそうです。格好のよさが遺伝するなら、格好のよい父親の子は息子にしておいた方がお得で、格好のよい息子を通じて子孫繁栄につなげることができます。

逆に、娘は格好のよい特徴を受け継いでいようがいまいが、そこまで繁殖力に差がつかないので（第3章参照）、父親がダサい場合は、息子より娘を産んだ方が得となります。ダサい息子だと、あまり子孫を残せないからです。

これはとても興味深い発見で、同様の報告は別種の鳥でもあります。しかし、「オスの魅力に合わせて胚の性別を変えているかどうか」は、まだ鳥類全体で一貫した結果が得られているわけではないので、盤石の結論が得られるまでもうしばらく時間がかかりそうです。

また、メス自身の身体的な特徴が関係しているという報告もあり、これに関しては、ツバメでも鳥類全体でも同様のパターンが得られています。メスの体が大きいほど、また体調がよいほど、息子が生まれる可能性が高くなります。これは、娘に比べて息子は要求する餌量が多く、育てるのが大変なので、体力のない母親は無理せずに娘を産んで育てるためだと考えられています。

前述の卵への投資についても、娘になる卵と息子になる卵に母親が違う成分を与えているという話もありますので、胚の性別をコントロールすることはある程度可能なのでしょう。ちなみに、前述の免疫グロブリンはメスの胚に多く渡されます。

同様の報告は鳥類に限らず哺乳類にもあります。ヒトでも娘を産みやすい状況、息子を産みやすい状況がある程度分かっており、娘を産みやすくする薬、息子を産みやすくする薬といった商品*も売られています。

*ピンクゼリー、グリーンゼリー　それぞれ娘、息子を産みやすくするジェルとして市販されている。哺乳類はオスが2種類の性染色体（XとY）をもつので、X染色体をもち将来娘になる精子と、Y染色体をもち将来息子になる精子があり、それぞれに好ましい膣内環境を用意することで、ある程度産み分けが可能になる（鳥類の産み分けとはメカニズムが異なる）。

「性別は遺伝的に決まっているのだから、常に1対1になるのが道理のはずだ」と予想されるかもしれませんが、性別はその出自や環境に応じてその後の一生を大きく左右するものです。したがって、2つの性染色体のわずかな性質の違いを元になんとかして区別し、状況に合わせて調節しているのかもしれません。

母のぬくもり

さて、卵を産んだら、今度はそれを温める（抱卵する）必要があります。20年前に流行り、最近もリバイバルされた携帯ゲーム「たまごっち」では、放っておいても卵はかえりますが、現実はそんなに簡単ではありません。十分な温度を与えなければ孵化すらしませんし、不十分な抱卵だと胚の発生がうまく進まず、孵化しても巣立ち後の生存やその後の繁殖に悪影響が出てしまいます。

抱卵は卵の上に座っているだけなので、楽ちんに見えるかもしれませんが、実際には卵に当たる部分の皮膚が裸出し、卵を肌でじかに温めているために、とても体力を使う大変な仕事です。ツバメでは、大変そうに見えるヒナの餌やりと同程度の体力を消費することが分かっています。卵に触れる部分（「抱卵斑」と言います）の皮膚は血管が凝集し、熱を効率よく放出して卵を温められるようになっています（図4-4）。

この時期のメスを手にもってみると、実際とても温かいです。私たちが横須賀市で温度を測ってみると、平均38・3℃ありました。ヒトの平熱は36℃ですから、ヒトの基準では高熱（38・5℃）に近く、大手を振って学校を休める温度です。

この温かな抱卵斑によって卵は孵化まで温められるのですが、その温度はメスごとに違います。40℃を超えるとても熱い抱卵斑をもつメスもいれば、ヒトの平熱程度のメスもいます。

もちろんその時々の体調などによっても温度は変わるのでしょうが、メスの抱卵斑の温かさは、メスの見た目である程度予測できます。喉の羽毛に色素が乏しく、色が地味なメスは、他のメスよりも温かい抱卵斑をもっ

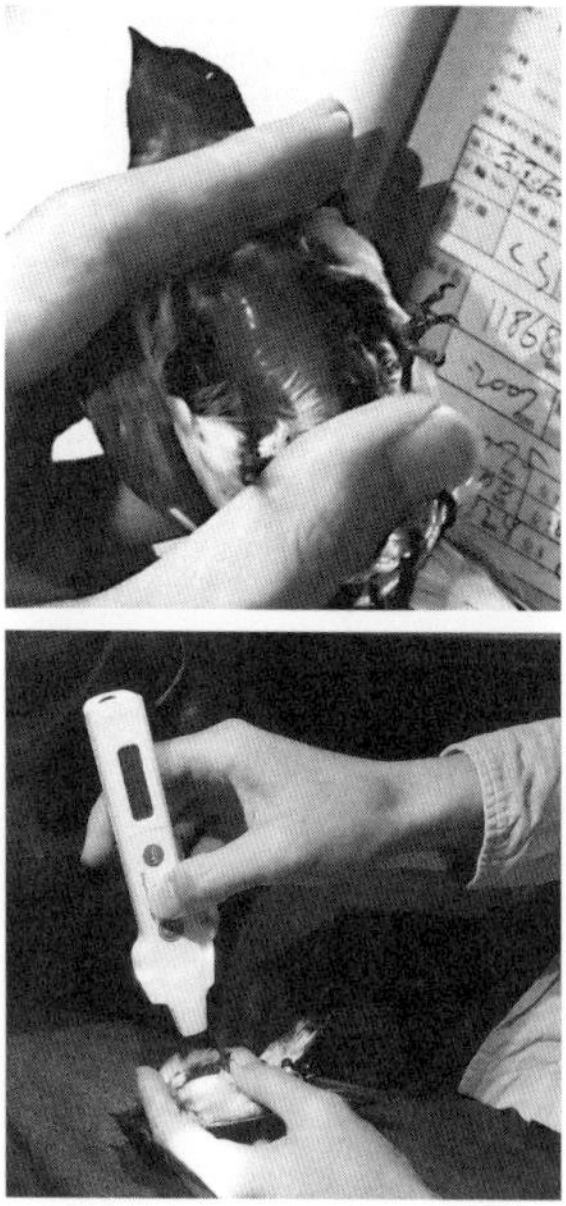

図4-4　ツバメのメスの抱卵斑（上）と温度測定（下）。抱卵斑に触らないように注意して温度を測る。ここでは、物体から放射される赤外線を利用して温度を測る「放射温度計」を使用している。抱卵斑のカラー写真は口絵19参照。

ていることが分かっています。逆に「派手に着飾っている」メスは、母親としての職務がおざなりになっているのかもしれません。抱卵斑の温度が低いと、それだけ卵をかえすのに時間がかかり、捕食にあうリスクも増えるので、卵たちは余計な労苦を背負うことになります。

メスの能力に明らかに違いがあり、その違いが見た目であらかじめ分かるなら、当然オスとしても、ペアを形成する前に選り好みをするに違いありません。しかし、第3章の最後に紹介した通り、こうした性質の違うメスについてオスがどのように対応しているのか（あるいは対応していないのか）、全くと言っていいほど分かっていないのが現状です。

もちろん、熱い抱卵斑さえもっていればよいということはなく、卵を効率的に温められるかどうかも重要です。卵を温めるには、長い時間抱卵するだけでなく、連続して巣を空ける時間を最小限にしないといけません（できれば出かけないのが一番ですが、自身の採餌や侵入者の撃退のために出かける必要があります）。1時間のうち30分間、巣を留守にするとして、30分連続で留守にすると、抱卵の合間に15分ずつ出かけた場合より卵が冷えてしまうので、胚の発生に悪影響が出やすくなります（図4-5）。

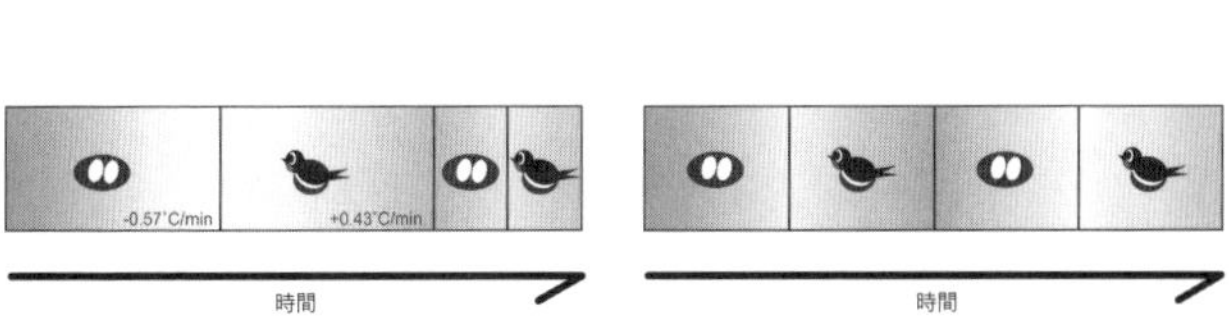

図4-5 巣を離れた時間の合計は同じでも、連続して離れる時間が長くなる（左）と、こまめに巣に戻る場合（右）よりも卵の温度が下がって、悪影響が出やすくなる（横軸は時間で、図中の数字は単位時間当たりの温度変化を、背景の色は卵の温度を示している）。Hasegawa & Arai (2016) Wilson J Ornitholの図を修正。

問題はこの抱卵行動がメスだけの都合によらないことです。ペアになったオスの喉が赤いほど、（おそらく他のオスによる敵対行動のため）メスは連続で巣を空ける時間が長くなってしまい、結果として効率的な抱卵ができず、抱卵期間が延びるなどの悪影響が出ることが分かっています。

ツバメは卵を産む前に羽毛を巣に敷き（専門用語で「産座《さんざ》」と言います）、必要とあれば適時羽毛を補充して卵を保温しますが、そのような入念な下準備があっても、卵の温度と命運はメス自身（あるいはその配偶者や周辺個体）の目下の行動に左右されるということになります。ただ卵をかえすだけでも大変なのです。

自己犠牲神話

ニュースでも、テレビ番組を見ていても、動物の子育てはときとして神聖視されます。母親は自分を犠牲にしてでも子を守り、それが美徳であると考えられているようです。「（ヒト以外の）動物の母親は身を挺して子を守っているというのに、最近の若者は……」というような論調になることも多いように思います。

しかし、これらはデマで真っ赤な嘘です。動物も自分の利益と子の利益、しっかりとバランスをとって子育てしてますし、場合によっては、実の子を見捨てることもあります。

ツバメでも、自分自身の捕食リスクが高まったり、餌不足になると、現在の繁殖巣を放棄して、一切の世話をやめてしまうこともあります（当然、ヒナは全滅します）。また、巣のなかに残っている子の数が少ないほど、巣を放棄しやすいことも知られています。

現代の日本人には感情的に理解しがたい行動かもしれませんが、実際のところ、これらは理にかなった行動といえます。私たちはつい目の前にいる子のことだけを考えがちですが、親は今現在の子だけでなく、近い将来生まれる別の子（兄弟）のことも見越して行動しなければなりません。現在の子のために自分を犠牲にすることは、結局、将来生まれてくるはずの子を犠牲にしてしまうことと同じなので、現在の子をがんばって育てても子孫繁栄につながらないなら、力を温存して今後に期待した方がまだましというものです。ツバメも他の生物同様、子孫繁栄につながるように、現在と将来への配分を調節して子育てしていると考えられています。

誤解を恐れずに言えば、これはツバメが命の価値を秤にかけていることにほかなりません。価値とか損得勘定で生物を論じるのはなんだか不純に感じるかもしれませんが、実際のところは、子孫を繁栄させるような特徴のみが受け継がれていき、子孫を減らしてしまうような特徴は自然と淘汰され、残らないというだけのことです。自分の命（と将来の子）を犠牲にして現在の子を助ける行動が子孫を減らしてしまうなら、どんなにヒトから見ると望ましい行動でも、後の世代には残りません。

「命の価値」の話は現代社会ではタブー視されますが、長年の生物学の進歩により、動物が実際にこのような命の価値（専門用語で「繁殖価《はんしょくか》」と言います）に基づいて行動していることが分かってきました。もちろん、これだけで生物の行動全てが説明できるわけではないのですが、少なくとも動物の行動は一般に思われているほど自己犠牲的ではないということになります。

親の偏愛

同様に、野生動物は全ての子を平等に扱うことはなく、むしろ特定の子に入れ込むことが分かっています。たとえば、メスは魅力的な夫をもったときに、そうでない場合よりも子育てにいっそう精を出すことが分かっています。

ヨーロッパでは、実験的に尾羽を長くしたオスの配偶者は子に餌を与える頻度が増えたという報告があります。これは、魅力的なオスの優れた遺伝子を引き継ぐ子たちは、平均的なオスの子よりも子孫を残しやすいからだと考えられます。魅力的なオスの子に投資することで、子孫繁栄を促進できるわけです。前節の理屈で考えるなら、メスが子育てに疲弊することで将来の子が犠牲になったとしても、魅力的なオスの子がそれ以上に子孫を残せばそれでよい、ということになります。

一方で、能力の高い子に投資するより、能力の低い子に下駄を履かせた方がよいという意見もあるでしょう（学校の成績が悪いと塾に行かせたくなるのに似ています）。確かに、既に能力の高い子に投資しても頭打ちになるなら、できの悪い子に投資すべきであり、このような例はツバメでも実際に知られています。このケースでは、卵への資源（カロテン）の配分が、魅力的でないオスの子に対して高まっていました。

どちらの子をひいきすれば子孫繁栄につながるかは状況によりますが、動物の親とて、子を差別し、自分の都合のよいように行動していると考えられます。

もちろん、親の特徴だけでなく、ヒナの特徴も考慮されます。ツバメのヒナの口の色は空腹度合いだけでなく、性別や免疫力の高さ、体調なども反映しており、最も色が赤く鮮やかな口をしているヒナに、親は好んで給餌します。

体調の悪いヒナや餌を消化中のヒナは、口の血管などに余計な血液を回している余裕はなく、結果として赤みの抑えられた地味な口色になります。そのため、赤い口をしているヒナに餌を与えることは、比較的調子のよい、空腹のヒナに餌を与えることになり、理にかなっていると言えます。

親が帰ってきたときにヒナは必死に声をあげ、また体を動かし翼を震わせて親にアピールします（図４-６）。このアピールも空腹度合い、成長度合い、体調、体の大きさなど、さまざまなヒナの質を反映していて、最も激しく餌をねだるヒナが優先的に餌をもらえます。

厳密に言えば、ヒナのお腹の減り具合とその他の特徴がごちゃまぜに

図4-6　親が帰ってきて、一斉に口を開けて餌をねだる巣立ち間際のヒナ。人の目には全員同じようなヒナに見えるが、親は声や見た目、しぐさを元に特定のヒナに肩入れする。

なった状態ですが、親からすれば、平等に餌をあげて餌不足になったときに全滅するより、順調に育っている質のよいヒナを優先した方がいざというときに有利なのでしょう。特にツバメなど、気象条件によって簡単に餌量が激減してしまう生き物では大事なことです。全滅するより誰か一人でも生き残れた方がましです。もちろん、餌条件がよい場合には、質のよいヒナが満腹になることで他のヒナも餌にありつけます。

ただ、このひいきが必ずしも親側の都合だけによるわけではないのがおもしろいところです。水鳥の一種であるバンの仲間では、ヒナが派手な羽毛を発達させますが、この派手な羽毛が発達しているヒナほど、親を惹きつけ、多くの餌をもらえることが分かっています（図4-7）。派手なオスがメスを惹きつけるように（第3章参照）、派手なヒナが親を惹きつけるわけです。

このバンの研究は、発表当時、大きな驚きをもって迎えられましたが、最近、ツバメのヒナも同様のことをすることが分かってきました。ツバメでは、ヒナのうちからある程度体の下面の羽色が赤くなります。ヒナのうちはまだ喉もピンクに近い色ですが、この色が親の給餌量を左右すること

図4-7 オオバンの親子。バンの仲間のヒナは派手な羽毛をもち、アメリカオオバンでは実際に親を惹きつける機能が示されている。Gould (1873) The birds of Great Britainより抜粋。カラー版は口絵42参照。

が知られています。口の色と違って、空腹度合いは一切反映せず（ヒトの髪色同様、お腹が減っても羽色は変わりません）、その時点での体調などの指標になるとは言い難いのですが、やはり色鮮やかなヒナほど餌をたくさんもらえるようです。ヒナとしても、自分になるべく多くの餌をもらえるように、派手に着飾り、自分にとって都合のよいように親の行動を誘導しているのかもしれません。

ここまで特にメス（母親）に焦点を当てて話を進めてきましたが、オスもほとんど同様です。自分の特徴と子の特徴に合わせて、世話の程度を調節します。

加えて、オスの場合はメスと違って、巣のなかのヒナが本当に自分の子かどうか確証がないため、「自分の子かどうか」という新たな基準も追加されます。そして、自分の子でない見込みが高くなると、子育てをサボることが知られています。

ツバメのオスの子育てはヒナへの餌やりがメインですが、オスにしてみれば、自分の子ではないのにがんばって餌をあげても仕方ないということです。漫画『ブラックジャック』に、自分の子かどうか疑わしい子に冷たい仕打ちをする父親の話が出てきますが、別にヒトに限った話ではないようです。

　では逆に、浮気されにくい魅力的なオスは、浮気されやすい魅力のないオスに比べて、ヒナに積極的に給餌するのでしょうか。魅力的なオスなら、自分の巣のなかにいるヒナは自分のヒナの見込みが高いので、積極的に給餌しそうな気もしますが、答えはノーです。

　ヨーロッパでの研究によれば、魅力的なオスは魅力的でないオスよりも子育てをサボっているようです。魅力的なオスだと、前述のようにメスが子育てをがんばってくれるので、自分でわざわざがんばる必要がないのです。逆に、魅力的でないオスは、巣内のヒナが自分の子でない見込みがより高いのですが、そもそもメスがあまり子育てに乗り気でないので、「自分ががんばるしかない」ということになります。

　同様のパターンは、浮気の少ない日本のツバメでも見られています。イケメンになれなかったオスが次善の策としてイクメンになっていると考えると、少し複雑でなんだか切なくもあります。

兄弟仲よく？

ここまで親と子の関係、子をめぐる母親と父親の関係を見てきました。子育てにはこの三者のそれぞれの思惑が入り混じり、なかなか複雑な様相を呈しています。

さらに、ツバメのように1つの巣で何羽もヒナを育てる鳥では、兄弟間の関係、手っ取り早く言えば、兄弟喧嘩が勃発するリスクをはらんでいます。現に、サギの仲間など一部の鳥類では、兄弟で餌を巡って殺し合いが行われ、勝者は鋭いくちばしで敗者を突き殺すことが知られています。

でも安心してください、ツバメはそのような血みどろの殺し合いをしません。兄弟間で本気で突くこともありません。実際、軒先のツバメのヒナを観察すれば、親が来ないときもおとなしく神妙に待機したり、穏やかに羽繕いしているのが見てとれます（図4-8）。

ただ、直接闘争だけが兄弟喧嘩ではありません。直接的な暴力がなくても、資源が均等に配分されない「いじめ」のような状況があり、場合によっては直接的な暴力よりひどいこともあります。童話『シンデレラ』では、

図4-8　親が来ないときは喧嘩することなく、神妙にしている。

シンデレラが義理の姉たちにいびられ、肩身の狭い思いをしますが、ツバメでもそのような状況が生じていることが知られています。

巣のなかのヒナが全員同じ親の子であれば、そこまで問題は起きないのですが、異母兄弟、異父兄弟がいる場合には「意地悪」が起こります。そこまでお腹が空いていなくても空腹をアピールして、自分と身元の違うヒナに（結果的に）餌が行き届かないようにするのです。ヒナたちは、鳴き声などのわずかな違いから、身元の違うヒナがいるかどうかを敏感に察知し、このような行動に出るようです。血のつながりの薄い義理の兄弟ならば、容赦は不要というわけです。

この報告は浮気がさかんなヨーロッパの報告なので、浮気が少ない日本の街なかにいるツバメについては当てはまらないかもしれません。ですが、出自の異なるヒナが1つの巣にいるという状況は、浮気だけが原因とは限りません。

カッコウやホトトギスが別種の巣に卵を産むことを「托卵《たくらん》」と言いますが、ツバメのメスが自分の卵を別のツバメの巣に産み落としていく「種内托卵」を行うことは、日本でも知られています。また、一度巣立ちしたヒナが間違って別の巣に入ってしまったりすることもあるので、同様の行動が見られたとしても不思議ではありません。浮気がほとんどない街なかのツバメでも見られる行動かどうか、興味あるところです。

巣立ちとその後

このような差別にもめげず、餌をもらって順調に成長すれば、ヒナは孵化後およそ20日ほどで巣立ちを迎えます。テレビ番組などでは、巣立ちがまるで感動的なフィナーレであるかのように演出されることがありますが、実際には親は巣立ち後も子の世話を続けます（**図4-9**）。

ツバメに関しては、巣立ったヒナ（「巣立ちビナ」と言います）がときに空中で親から餌をもらっているのを見たことがある方も多いのではないでしょうか。巣立ち後の子育てはけっこう大事で、巣立ち後長く給餌を続けると巣立ちビナの生存率が高まります。

それならば、「どの親も子が一人前の採餌能力を確立して生存見込みが高まるまで餌をあげるべきだ」という意見も当然出てくるでしょう。しかし、親としては、早くヒナを独立させた方が残りの繁殖期中に次の繁殖を

図4-9　親から餌をもらう巣立ちビナ。巣立ちの後も、しばらくは親から餌をもらって育つ。

成功させる見込みが高まるので、必ずしも時間をかけて子育てするのが得策とは限りません。

実際、続けて2回目の繁殖を行う親は、1回しか繁殖しない親に比べて、1度目の巣立ちビナの世話を早々に打ち切ることが知られています。巣立ちビナとしては可能な限り自分の世話を続けてほしいのですが、親としては（巣立ちビナの生存見込みがそこそこあれば）すぐ次の子育てに移りたい、ということになります。

一昔前には、「子離れの儀式」といったタイトルで、哺乳類の独り立ちの感動シーンとして、親が子を突き放す場面がよく放送されていました。しかし現在は、その子のためにならないというよりは、子と親の間で世話の量に葛藤があり、親自身が早く次の繁殖に移りたいがゆえに生じるイベントだと考えられています。

ただ、「巣立ち後どれくらいまで子育てを続けるか」と、「どれくらい世話をした後に新たな繁殖を開始するか」は別の問題であることに注意が必要で、なかには、最初のヒナが巣立つ前から2回目の繁殖を開始し、並行して子育てをする強者《つわもの》もいます。このあたりのさじ加減は、それぞれの親の置かれている状況次第です。

では、このように労力をかけて育てられた子は、無事に全員成熟して、翌年に戻ってきているのでしょうか。巣立ちを見送った後にはそうであってほしいと願うものですが、残念ながらほとんどの巣立ちビナは帰ってくることなく、渡りや越冬中に死んでしまいます。親でさえ帰還する確率が50%を切っているのですから、巣立ったばかりのヒナはもっと困難であることが容易に想像できます。

実際、生きて戻れる見込みは非常に小さく、イギリスでは1600羽の巣立ちビナに足環をつけた結果、49羽しか生きて帰らなかったという報告もあります。たった3%です。私たちも新潟県上越市で200羽以上のヒナに足環をつけましたが、帰ってきたのはたった8羽でした（**図4-10**）。

どうせ死んでしまうなら大変な労力をかけても無駄だと感じるかもしれませんが、前述のように、親による子の世話が増すほど子は生き残りやすくなります。また、運よく生き残った場合に、幼いときに受けた親の世話がその後の一生を大きく左右するという話も出ています。「3歳までの黄金期が重要」と考えるヒトの子育てとちょっと似ています。

図4-10　ねぐら入り前に集まっている巣立ちビナと成鳥。巣立ちビナは成鳥に比べて喉の色が薄い。

命を尊び、命の選別を嫌うヒトにとって、親によるあからさまな差別や放棄、産み分けなどは、なかなか受け入れがたいことかもしれません。ですが、ほとんどの子が成人し、20歳過ぎるまで死を意識することがあまりないヒトと違って、多くの生き物はそれほど簡単にはいきませんし、死ぬのが当たり前のなかで生きています。

それでも、なんとか一人でも子孫を残そうとして、ツバメの親はできる限りの繁殖戦略を採用しているのです。そのような状況においては、ヒトから見ればときに無慈悲と思える戦略をとっても、なんら驚くことではないのかもしれません。別にどちらが優れているというわけではなく、ヒトでも他の動物でも、それぞれの状況下でベストな振る舞いをしているだけなのでしょう。

ゲノミクスが明かす美しさと質の関係

総合研究大学院大学先導科学研究科 客員研究員　新井絵美

高級車に乗っている方を見かけたとき、「お金持ちだな」と思ってしまうのは私だけではないと思います。車だけでなく、鞄のブランドや宝飾品を見て、相手の所得や社会的地位を判断する人もいるでしょう。所有者も、もしかしたら（貧乏な人には買えない）高価な所持品を使って、「僕はお金持ちだぞ」と周りにアピールしているのかもしれません。

野生動物も自己PRのためにカラフルな羽毛や美しいさえずりを使いますが、ヒトと違って、お金を払ってこういった特徴を手に入れているわけではありません。では、動物たちは、どうやって自分のすごさとその信頼性を嘘偽りなく周りに伝えるのでしょうか。

動物でも、自己PRのための特徴がなぜかその内実を反映していることは、昔から知られていました。たとえば、派手な特徴をもつオスは、そうでないオスよりも生理的なコンディションが優れていたり、生存確率が高かったりすることが分かっています。有名どころでは、クジャクのオスが派手であればあるほど、体調や生存率が高いことが知られてい

ツバメ豆知識 3

ます。

相手を評価する側からすれば、実際の生理状態や生存見込みを直接調べることは難しいので、こういった「指標」となる特徴で自己PRしてくれると大助かりです。問題は、PRする側が、なぜそのような正直な関係性を維持しているのか、言い換えれば「なぜ自分を偽って実際よりよく見せようとしないのか」ということです。

この疑問に対するシンプルな答えは「嘘をつくことが得策ではないから」というものでしょう。冒頭の高級車の例でも、全財産を購入費用に充てれば、そこまでお金持ちでなくとも高級車を購入することはできますが、そんなことをしてしまえば日常生活を送れなくなってしまいます（ですから、普通は身の丈にあった買い物をします）。

同様に、動物も十分に余裕のある質の高い個体だけが、日常に支障なく派手な特徴を誇示できるのかもしれません。このアイデアは新しいものではないのですが、動物でお金の代わりに「通貨」となっているのは何か、という問題はずっと解決されないままでした。最近その通貨の候補として注目されているのが、抗酸化物質とその原料です。

動物は日々活動することで体内に活性酸素が生じますが、これに対処する物質が抗酸化物質です。体内で活性酸素と抗酸化物質のバランスが崩れると、酸化ストレスを受けるこ

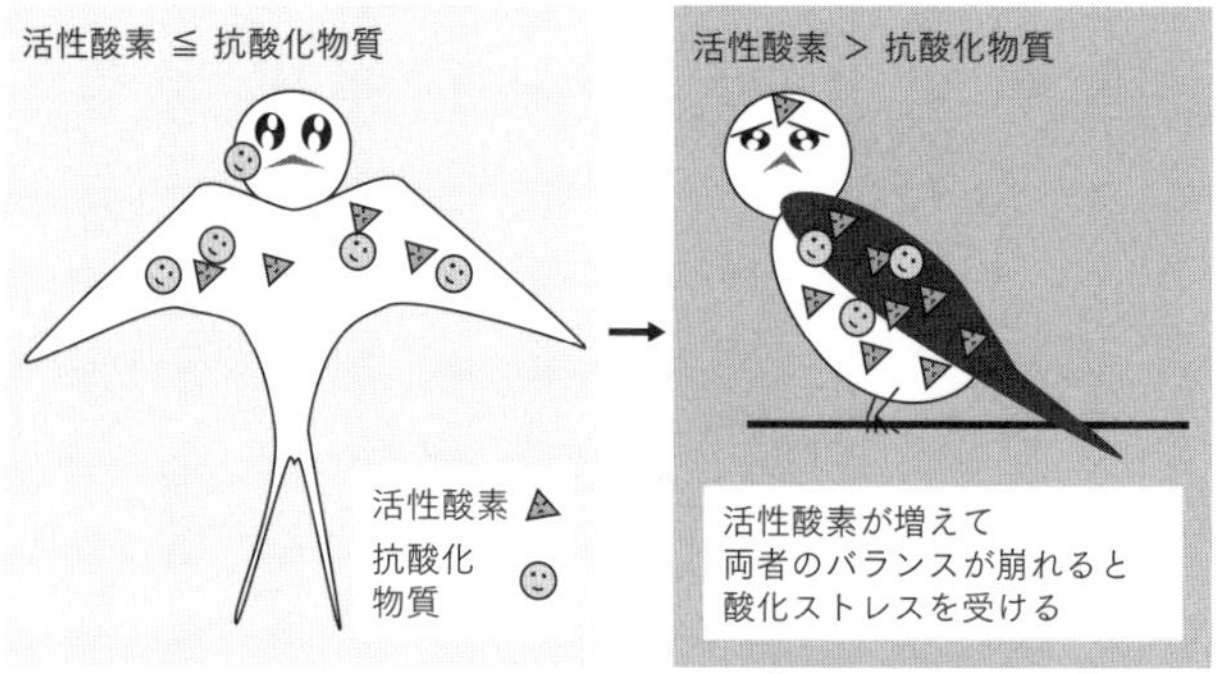

図　活性酸素と抗酸化物質の関係の模式図

となり、有害です。そのため、抗酸化物質をうまく使って体が酸化しないようにしなければなりません。

抗酸化物質というと、ビタミンCやカロテンなどが思い浮かぶかもしれません。これらはレモンやニンジンなど、植物から摂取できる抗酸化物質です。種子や果実を食べる小鳥の仲間は、カロテンをたくさん取れます。また、それをもとに羽毛を赤くしています。羽毛中に溜め込んだ色素は抗酸化物質として体内で使うことはできないので、結果的に、体内の活性酸素にうまく対処できている鳥だけが、鮮やかな羽色を誇示できることになります。

このような、一方への投資を増やせばもう一方への投資が必然的に減ってしまう関係を「トレードオフの関係」と言い、この関係があるからこそ、自分

ツバメ豆知識 3

部位	色素の種類	オス	メス
喉	ユーメラニン	3.8 ± 0.2 (27)	2.7 ± 0.2 (25)
	フェオメラニン	38.1 ± 3.5 (33)	24.6 ± 2.7 (29)
胸	ユーメラニン	1.4 ± 0.3 (7)	1.0 ± 0.2 (7)
	フェオメラニン	2.2 ± 0.5 (5)	1.5 ± 0.2 (6)
尻	ユーメラニン	2.4 ± 0.5 (7)	1.6 ± 0.3 (7)
	フェオメラニン	3.8 ± 0.9 (6)	1.6 ± 0.1 (7)

表　ツバメの雌雄の羽に含まれるユーメラニンとフェオメラニンの濃度
数字は羽1枚当たりの平均的な濃度（ng）±ばらつきで、（　）内は調べたツバメの数を示す。喉の羽には多量のフェオメラニンが含まれていることが分かる（Arai et al. 2015 J Ornithol より）。

を偽ってよく見せようとする嘘が防がれると考えられています。

では、果実や種子を食べることのない食虫性のツバメはどうでしょう。

ツバメにも派手な赤い羽毛があります。この羽毛は、前述のカロテンではなく、人の赤毛と同じ色素である赤い色素、フェオメラニンで着色されています。材料となるアミノ酸のシステインを餌の虫から摂取することで、色素を体内で合成できます。材料が足りないとフェオメラニンは合成されないので、餌を豊富に食べた個体が多量の色素を作れることになります。同時に、システインは抗酸化物質の1つ「グルタチオン」の原料でもあり、体内で発生する活性酸素の処理に使うこともできます。

つまり、個々のツバメは、餌から入手したシステインを羽毛を赤くさせるために使うか、あるいは、活性酸素と戦うために使うかの選択に迫られていることになります。前述のカロテンの場合と同様、体内の活性酸素に問題のないツバメのみがシステインをフェオメラニン生産に使うことで、自己PRの信頼性を確保していると見なせます。

ただし、こうしたもっともらしいトレードオフはあくまで仮想的なものであり、実在することを示すには、そうした（遺伝的な）機構が体内に存在することを明示する必要があります。簡単そうに聞こえるかもしれませんが、実際には、グルタチオンに関係する遺伝子は山のようにあり、従来の方法では、この仮想的なトレードオフの状況を実証することは不可能でした。

私は、近年発展した網羅的な遺伝子発現解析とリアルタイムPCRという技術を活用して、少量のサンプルからたくさんの遺伝子を分析し、遺伝子同士の相互作用から、前述の「仮想的」なトレードオフが実在することを示しました。グルタチオンを抗酸化物質として機能させるために関係している遺伝子（GSTM3）と、グルタチオンやそのもとになるシステインをフェオメラニン合成に仕向ける色素遺伝子（ASIP）の発現に負の関係があり、遺伝子の相互作用によって、色素合成が活発になると抗酸化作用が抑えられることが分かり

ツバメ豆知識 3

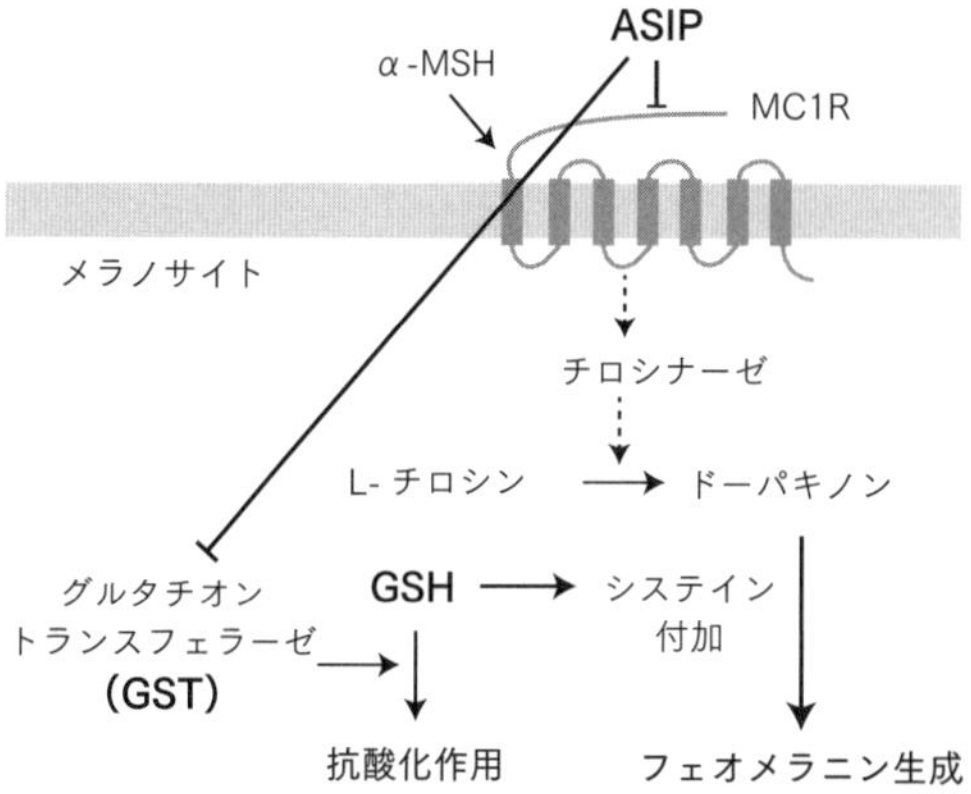

図　フェオメラニンの合成経路の模式図
*ASIP*遺伝子の発現により、フェオメラニンの生成が促進されるが、*GST*遺伝子の発現が抑えられ、グルタチオン（GSH）を用いた抗酸化作用が抑制される（Arai et al. 2017 Behav Ecolの知見をもとに作成）。

ました。

どういうツバメが実際に色素生産を優先しているか調べたところ、体調がよく、体内の酸化ストレスレベルに問題がないツバメが色素の多い羽毛を生やすことが分かり、確かに赤い羽毛が「質のよさ」の指標として使えることが確かめられました。いわゆる「ゲノミクス」によって、そのメカニズムの理解が進んだと言えます。

私たちの研究では、遺伝子レベルで嘘を防ぐ機構を明らかにしていますが、肝心なのは、抗酸化物質を介したこの機構によって、全体としてバランスが取れるようになっているということです。

　ただ生きていくだけなら、羽毛の色など気にせず抗酸化物質を全て活性酸素の処理に充てればよいですが、それでは子孫が残せません。逆に、異性を誘引するために羽毛の色を極限まで赤くすれば、抗酸化物質が足りなくなり、生きていくことができなくなります。生存と繁殖のバランスをとって、その上でさらに羽毛を赤くするには、少しでも餌が多く取れるように、少しでも活性酸素の発生を抑えるように、日々の生活の質を高めていくということになります。

　異性を誘引するためにルックスにこだわることは、生存には本来必要ない投資をしているとも言えますが、結果的に生活の質そのものを上げ、洗練された生物像を形成することにもつながります。体内で裏方的な役割を担う微量物質に過ぎないと思われがちな抗酸化物質ですが、一連の進化の鍵になっていると考えると侮れません。

第5章

ツバメの地域差

ヨーロッパのツバメ

私たちは、ヒトの個性や国民性といった多様性を当たり前のように認めていますが、他の動物に対しては、「種」としての一般的な特性を知ることでその生き物全体を知った気になりがちです。

もちろん、一般特性がまず見えなければ、各個体や地域の特性が分からないので、一般特性を知ることは重要です。しかし、ヒトと他の動物で見方を変えてしまうことで、誤った生物像を思い描いてしまうのもまた事実です。種内の多様性を無視することで、ヒト以外の生物を画一的で変化のない単純な存在と捉えてしまう傾向があります。

これまでの章でも、「ある地域のツバメでは」と、地域性を考慮した表現をたびたびしてきましたが、本章ではそういった地域性そのものに焦点を当て、そもそもなぜそのような地域差が生じるのか、私たちが身近な鳥と考えているツバメは結局どういう生き物なのか迫っていきたいと思います。

第1章でも紹介したように、これまでに知られている「ツバメ」の特徴の多くは、長く研究されてきたヨーロッパのツバメにおいて得られた知識に基づいています。

このツバメは、日本や他の地域のツバメと同種と見なされており、学問上の正式名称（学名）はいずれも *Hirundo rustica* という名前があてられます。細かいことを言えば、*Hirundo* が「ツバメ属」というツバメのごく近しい仲間を指す属名、*rustica* がそのなかでも特に「ツバメ」という特定の種に限定する種小名で、２つ合わせることで、ちょうど名字と名前で個人が特定できるように、種が特定できます。

学名はその生物のもつイメージから付けられていることも多く、ツバメの場合は、ラテン語で hirundo がツバメ、rustica が田舎《いなか》という意味なので、合わせて「田舎のツバメ」という意味になり、英名の barn swallow（納屋のツバメ）と同様に、本種の素朴な生活環境が表されています。

そこからさらに、「ヨーロッパのツバメ」に限定して言及するには、種より下位のグループ分けである「亜種」というものを使います。ヨーロッパのツバメはツバメの「基亜種」といって、「ツバメとはこういうものだ」

と最初に見なされた鳥であり、属名、種小名に亜種名 *rustica* を足して *Hirundo rustica rustica* という学名になります（図５－１）。

基亜種の場合は亜種名と種小名が同じで、場合によっては属名、種小名、亜種名も全て一致することがあります。たとえば、ゴリラの正式名称はゴリラゴリラ（*Gorilla gorilla*）で、ニシローランドゴリラの場合はゴリラゴリラゴリラ（*Gorilla gorilla gorilla*）、という話が有名です。

ツバメは現在、６亜種存在すると考えられていて､発祥はヒトと同じくアフリカです。ちなみに、ヒトの学名は *Homo sapiens* ですが、これは「賢いヒト」という意味で、うぬぼれの強いヒトの特性がよく表れています（実際の賢さは、絶滅したネアンデルタール人 *Homo neanderthalensis* と同程度だと言われています）。

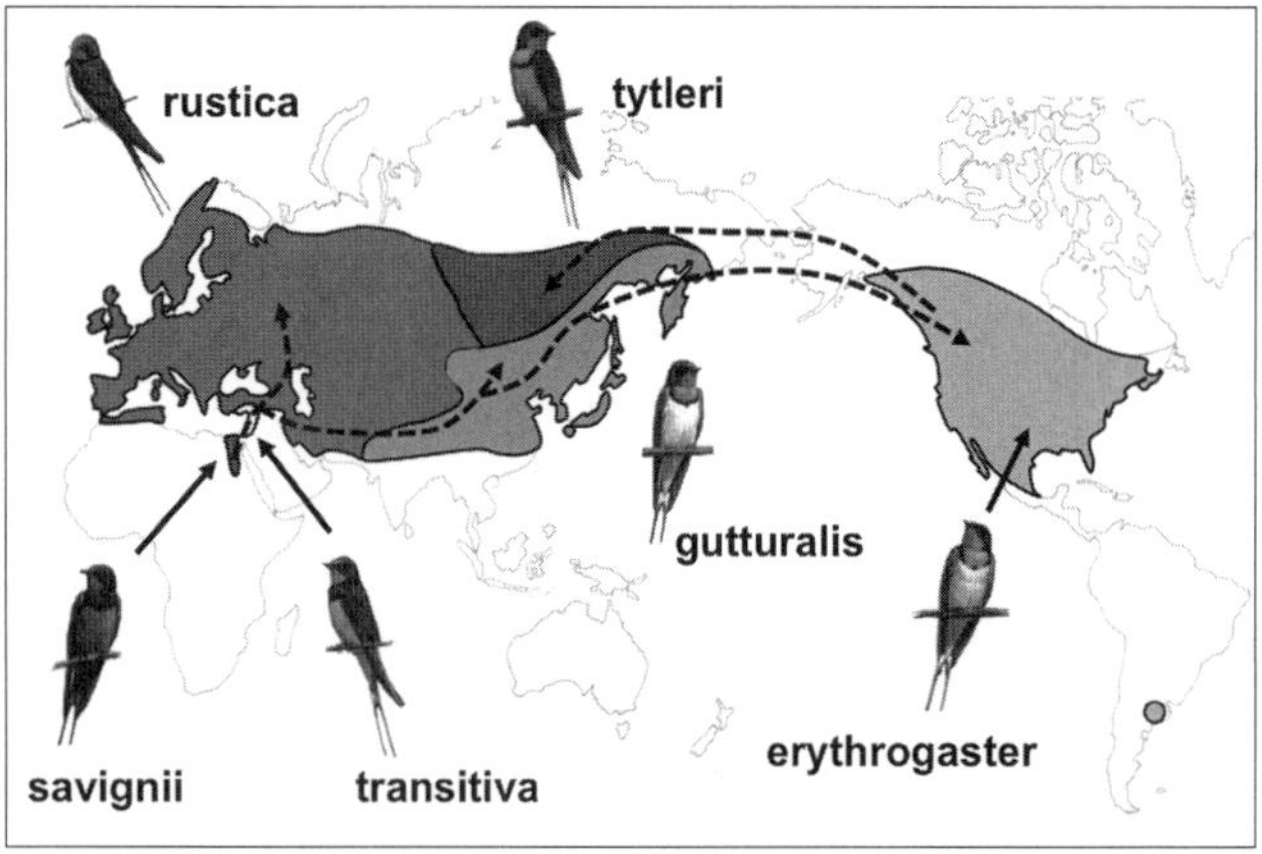

図5-1　ツバメ *Hirundo rustica* の亜種名とそれぞれの繁殖分布、およびその特徴。Scordato & Safran (2014) Avian Researchより転載。基本的には北半球で繁殖するが、南アメリカで繁殖する集団も知られている。破線の矢印は、ツバメがどのように分布を広げていったかを示している。

これまでは、ヨーロッパの基亜種の特徴が、世界中に分布する他の亜種にも当てはまると盲信されてきました。ざっくり言えば、発達した燕尾をもち、この燕尾の長さがオスの子孫繁栄を決める、メスしか抱卵しない、浮気による子が多い、などがその例です。「ツバメごとき、世界中どこでも同じようなものだろう」と考えられていたのでしょう。

しかし近年、この認識が間違っていて、実際にはどのツバメにも共通すると考えられてきた特徴の多くが、ヨーロッパのツバメだけに当てはまる地域性に過ぎないことが分かってきました。

ヒトに例えるなら、特定の西欧人の特徴（背が高く、目が青く、子どもに蒙古斑がなく、大人になっても乳糖を消化できるなど）をヒト全体の特徴と勘違いするようなものです。ヒトをこのように特徴づけてしまうと、私たち日本人を含むモンゴロイドの多く（背が低く、目は茶色、子どもに蒙古斑があり、大人になると乳糖消化酵素が減って牛乳を消化できなくなる）は、ほとんどヒトではないことになってしまいます。

もちろん、現実にはどちらもヒトに違いないのですが、結局のところ、ある特徴が種全体に一般化できるか、あるいは特定の地域でしか見られないのかは、地域間で特徴を比較してみないと分からないということになります。

ツバメに関しては、特にアメリカのツバメと日本のツバメについて近年研究が進んだことで、基亜種であるヨーロッパのツバメ（図5-2）とどこがどう違うかだけでなく、なぜ違うのかについても明らかになりつつあります。そこで以下では、まずアメリカの亜種、次に日本の亜種について、ヨーロッパの亜種との違い（とその意味）を記していきます。

まだまだ発展途上の研究分野なので、読み進めるほどにどんどん新しい疑問も湧いてくると思います。ですが、研究とは元来そういうものなので、本章を読みながら追体験し、新しい疑問や気づきを楽しんでいただけると幸いです（研究はそれこそ、漫画『名探偵コナン』などストーリー展開をもったミステリーのようなもので、解決すべき事件や問題が次から次へと発生し、1つの疑問を解決することがさらなる疑問を生みつつ、真相に少しずつ迫っていくことになります）。

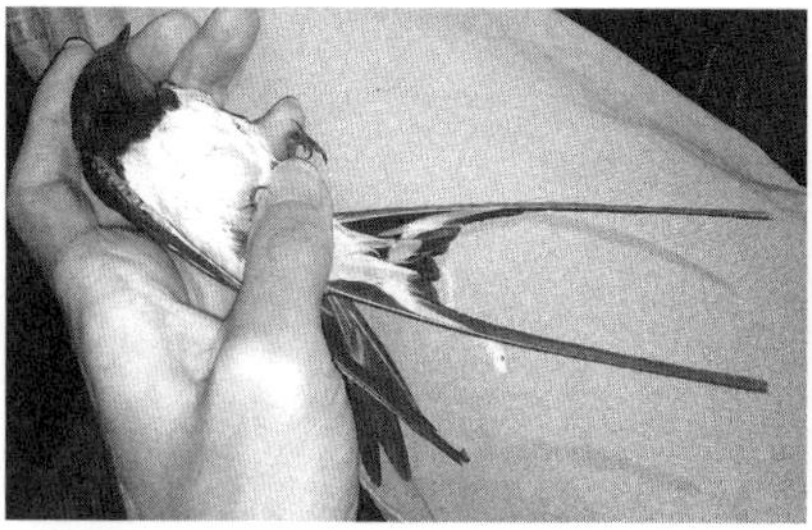

図5-2　ヨーロッパのツバメは喉の赤い部分が小さく、尾羽が長いのが特徴で、メスでも十分長い尾羽をもつ（左：オス、右：メス）。

なお、他の亜種についてはまだ情報が多くありませんが、イスラエルやモンゴルのツバメも最近研究が増えつつあります。今後、各地のツバメの違いと共通点がより鮮明に分かってくるでしょう。

アメリカのツバメ

「ヨーロッパのツバメの特徴がツバメという種全体に当てはまるわけではない」ことを初めて明示したのが、北アメリカに生息する亜種*Hirundo rustica erythrogaster*です。この亜種は、尾羽が短い代わりに喉の赤い部分が大きく、下面の羽毛が全体に赤っぽいことが特徴で（図5-3）、亜種名の*erythrogaster*も「赤い腹」という意味です（おなかの薬「ガスター10」のガスターも同じく腹を意味します）。

以前から、オスが抱卵に参加するなど、ヨーロッパのツバメと異なる性質をもつことが、なんとなく知られてはいました。しかし、一気に顕在化したのは2000年代に入ってからで、アメリカのツバメでは、ヨーロッパのように尾羽の長いオスより、下面の羽毛が赤いオスが異性を惹きつけ、それゆえに多くの子を残していることが判明してからのことです。

図5-3　アメリカのツバメと繁殖の様子（写真は別個体）。比較的尾羽が短く、全員というわけではないが下面が赤い個体が多い（口絵21参照）。

この発見は、ツバメに限らず動物の行動や進化を研究している研究者を大いに沸かせました。当時は研究者たちも種を生物の単位と考えており、（ざっくり言えば）同種の生物はみな似たような性質をもつと見なしていました。前述の抱卵行動のように、一部の地域で他と違う行動が見られても、あくまでそれは例外に過ぎず、その生物自身の本筋の進化とは関係しないと考えられてきたのです。言ってみれば、野球中継でよくある「一部地域の皆様とはここでお別れです」の「一部地域」から受ける、ちょっとした仲間外れ感に似ています。

ところが、この2000年代に行われたアメリカのツバメ研究によって、種内でも性質（ここでは異性に対する好み）が大いに変わり、それ自体が新たな特徴（赤い腹色）を積極的に進化させた原動力になっていると認識され始めたのです。異性を誘引できるオスは他のオスに比べて有利になるので、結果的にそうしたオスのもつ特徴が集団内でどんどん進化していくのはもっともなことです。

厳密に言えば、種内でも好みに違いがあり、その違いが地域差を促進していることは、既に他の生物で報告され始めていました。ただ、これらの報告は比較的マイナーな生物を扱ったものが多く、普遍性については全く分かっていませんでした。ツバメのような「普通」の鳥で違いが見られたことは、他の多くの生物にも当てはまる一般的な現象であることを示唆しており、価値ある研究だと言えます（逆に言えば、普通でない生物で見つかった特徴というのは、普通でないからこその特徴と考えがちです）。

さらに、その後に行われた遺伝情報解析によって、同一種であるツバメの地域間、少なくともヨーロッパと北アメリカのツバメの間には、別種に相当するほどの遺伝的な違いが存在することが明かされました。このことは、ツバメという1つの種が2つの種に移行しようという過渡的な状況にあることを示唆しています。つまり、ツバメは地域によって全く別の特徴が異性誘引と関係しており、このことが見た目の地域差を促進して、今まさに2つの種に分かれようとしている状態になっているということです。

アメリカの研究が進んだことで、ツバメは今、どのように「1つの種が別種に分かれるか」という現象（専門用語で「種分化《しゅぶんか》」と言います）において、世界中の研究者が注目する鳥になっています。

現在地球上に見られる多種多様な生物は、全て単一の起源をもち、1つの種が複数に分かれることを繰り返して、現在見られるようなかたちになったとされています。この多様性を創出した機構を知る上で、1つの種が実際どのようにして分岐して別種が生まれるかを知ることは、とても大事なことなのです。

この種分化の過程、チャールズ・ダーウィンの言う「謎中の謎*（mystery of mysteries）」が、ジャングルなどの僻地ではなく、家のすぐ近くで繁殖しているツバメで解明されつつあると思うと、ワクワクします。世界の果てまで行っても見つからなかった答えがすぐ近くで見つかるというのは、なんだか童話『青い鳥』のようです。

日本のツバメ

アメリカの研究を受けて、日本でもツバメの研究が一気に進みました。学術的な記載方法に従えば、日本のツバメは *Hirundo rustica gutturalis* という学名になります（亜種名の *gutturalis* は「喉」という意味です）。アメリカ同様に、尾羽が比較的短く、喉の赤い部分が大きいこと、またオスが抱卵に参加することが特徴です（図5-4）。

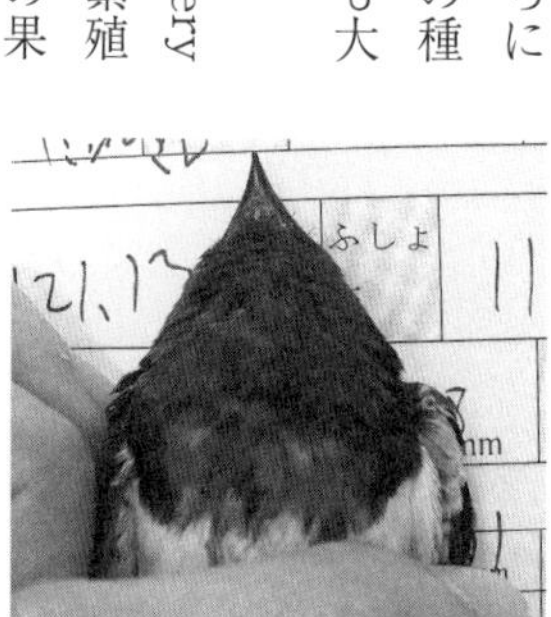

図5-4　日本のツバメの喉のアップ。喉の赤い部分が大きく、胸の黒いバンドの位置まで進出している。ただし、個体差が大きいのも日本のツバメの特徴で、赤い部分が小さいものもいる（口絵20参照）。

*謎中の謎　世の中のあらゆる謎の中でもひときわ謎だということ。チャールズ・ダーウィンが『種の起源』の中で種分化について語る際に使った表現。

さらに近年行われた一連の研究によって、異性誘引において燕尾があまり重要ではないこと、むしろ喉色（と尾羽の白斑）が重要なことなどが分かってきており、日本のツバメはヨーロッパよりアメリカのツバメに近い性質をもつことが明らかになってきました。

実際、前出の**図5-1**（150頁）に示すように、アメリカや日本（とアジア）のツバメは、ヨーロッパのツバメが本筋から分かれた後もしばらく歴史を共有してきた、お互いに近しい関係にあります。ヒトも同様に、アジア人とネイティブアメリカンの方がヨーロッパ人よりも近縁であることが知られているので、ツバメもヒトも似たような歴史を歩んできたのでしょう。

私たち日本の研究チームがさらに明らかにしたのは、「メスがなわばりを選ぶ」という、ヨーロッパのツバメでは考えられない特徴を見出したことです（第3章参照）。

ヨーロッパのツバメは基本的に、牛舎のなかなどに集団で繁殖するのですが、日本やアメリカのツバメはご存じのように屋外で繁殖し、繁殖の密度もそこまで高くありません。牛舎など屋内に繁殖する場合と違って、屋外ではカラスなどによる捕食があるため、ツバメにとってなわばりを選ぶ

図5-5　私たちがツバメの調査をしている新潟県上越市の様子。冬の雪に備えて軒先が連なった「雁木」と呼ばれる構造をなしており、そこにツバメが巣を作って繁殖する。

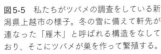

ことがとても重要になります（「人さらい」が来ると分かっているところには誰も住みたくないのと同じです）。後から考えれば、理にかなっており、当たり前のことに思えますが、ヨーロッパの文献をツバメの「教科書」として使い、そこに書いてあることが全てと盲信していた私には驚きの行動でした。

メスがなわばりを選ぶことで、屋外繁殖ではなわばりを占有する上で有利な特徴である「赤い羽毛」が進化しやすくなります。赤い羽毛はオスの攻撃性と遺伝的、生理的にリンクしていて、羽色が濃いほどよいなわばりを占有しやすいという特徴があります（私たちに続いてアメリカのツバメを調べているグループも同様の報告をしています）。

赤い羽毛をもつオスがよいなわばりを占有しているので、屋外で繁殖する場合、このようなオスが結果的にメスを誘引しやすくなるのはもっともなことです。よいなわばりを占有でき、異性にもモテるなら、いいことずくめです。実際、日本のツバメは喉の赤い部分の範囲がヨーロッパの2倍以上大きいことから、ヨーロッパに比べてこの赤い部位の派手さが子孫を残す上でかなり重要になっていることがうかがえます。

前述の北アメリカの研究は、性質に明快な地域差があることを示した点で価値がありましたが、私たちの研究は「なわばりの重要性が高まると、結果として羽色が子孫繁栄の鍵になる」という、地域差形成メカニズムを明らかにしたと言えるでしょう。

繁殖環境が特徴を作る

実際、ヨーロッパ、日本、アメリカという地球規模での比較だけでなく、より細かな空間スケールでも、繁殖環境と羽色がリンクしていることが知られています。

日本国内でも、九州など南国のツバメは喉の赤い部分が大きく、逆に、東北や北海道など北国のツバメは喉の赤い部分が小さく、その代わりに尾羽の白斑が大きくなります。越冬地から近く、また温暖な気候が長く続く南国では、よいなわばりを占有すれば2回も3回も繁殖ができます。したがって、よいなわばりを占有する利益が非常に大きく、多少のコスト（第4章、140頁のコラム参照）を払っても、より大きく派手な赤い喉をもっているることが有利になるのでしょう。

逆に北に行くほど繁殖可能期間は限られ、なわばりを確保する利益も薄くなってしまうので、赤い喉で周りのオスを圧倒しても得るところは少なくなります。大して役にも立たない特徴を発達させるくらいなら、単純に大きな白斑を見せつけてメスを惹きつける方が有利になるのでしょう。北海道など、日本でも高緯度へ行くと牛舎などでの集団繁殖が増えると言われているので、繁殖密度そのものの影響もあるかもしれません（後述）。

赤い喉も白斑もどちらも繁殖に有利な特徴に違いありませんが、その機能の違いを意識することで地域差を説明することができます。ヒトでも、筋骨たくましいマッチョマンがよいか、スタイリッシュで爽やかなアイドルがよいかは状況によるので、もともと機能の異なる特徴が別の地域で発達することはそう驚くことでもありません。

異種間で比較しても、なわばりの重要性が高い留鳥のツバメの仲間（たとえばリュウキュウツバメ＝**図5－6**）は、なわばりの重要性が低い渡り鳥（普通のツバメなど）よりも赤い羽毛が派手に発達していることも分かっており、なわばりとその重要性がツバメ類の見た目に大きく影響していることがうかがえます。

図5-6　リュウキュウツバメの喉のアップ（左がメス、右がオス）。Arai et al. (2019) Ecol Evolより抜粋。赤い部分は普通のツバメよりかなり大きく発達し、ツバメに見られる黒いバンドが赤い羽毛に置き換わっている。

さらに、第3章で触れているように、屋外でまばらに繁殖すると婚外子がほとんど生じません。「それがどうした」と思われるかもしれませんが、このような特徴はさらなる派生効果をもたらします。婚外子が（結果として）生じにくい状態が続くと、婚外子をつくるのに有利な特徴が失われることになるのです。

そのような特徴の1つがオスの見た目の美しさであり、その代表例が燕尾です。そこそこの魅力は配偶者のメスを得る上で必須ですが、メスが浮気しないのならば、魅力的であってもなくても子孫繁栄に大した影響はありません。

屋外環境では、資源防衛と関連する赤い喉などの特徴が重要になりますが、なわばりと関係しない単純な美しさである燕尾などは、そこまで大事ではなくなります（図5-7）。早い話が、繁殖環境を考慮することで、羽色だけでなく、燕尾の地域差も説明できるということにな

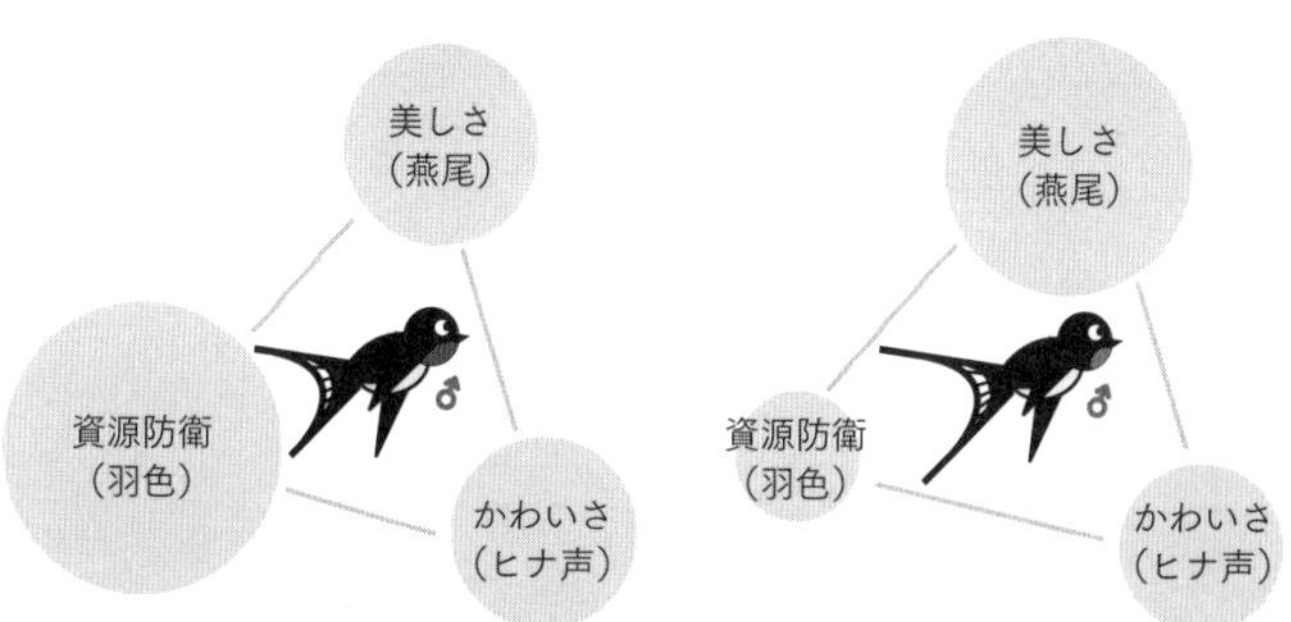

図5-7 日本のように屋外にまばらに繁殖するツバメ（左）では、ヨーロッパのように屋内に集団繁殖するツバメ（右）と異なる特徴が重要になると考えられる。ツバメのイラストは予想されるツバメの見た目を、周囲の円の大きさはどの要素が相対的に重要になるかを示している。Hasegawa (2018) Ecol Resより図を改変。

ります（なお、第3章で登場した「かわいさ」については、今のところそこまで繁殖環境が影響しないと考えられています）。

ツバメの地域差はヒトのせい？

ツバメの地域差について、ここまでのところをまとめてみましょう。

①牛舎などの屋内に高密度で繁殖するヨーロッパのツバメに比べて、日本やアメリカのツバメは基本的に屋外に低密度で繁殖する。

②日本やアメリカのツバメはなわばりが重要で、これらの地域ではよいなわばりを占有できる羽毛の赤いオスが有利になる。

逆に、

③屋外でまばらに繁殖すると浮気がほとんど生じないため、なわばりと関係しない燕尾などを発達させても、そこまで繁殖利益がない。

目立った違いだけでもこれだけあります。

前述の通り、これらの特徴は地域間での繁殖環境の違いが原因と考えられますが、そもそも何がこの繁殖環境の違いをもたらしたのでしょうか。

世界中でツバメが経験する環境は千差万別で、いろいろな要因が絡み合って作用したことは間違いありません。ですが、そのなかでもひときわ強く影響をおよぼしたと考えられるのが、ヒトの文化の違いです。

ツバメはヨーロッパでもアメリカでも日本でも、現在は常に人工構造物で繁殖します。ヨーロッパでは牛舎で、日本やアメリカでは屋外での繁殖が多くなるのですが、これは単純に各地の住宅様式に依存しています。

言うまでもなく日本やアジアは木造住宅が基本で、これらの家屋1つ1つにツバメが巣をかけることができます。一方で、ヨーロッパは基本的に石造りかそれに類する工法を用いるため（図5-8）、ツバメに適した繁殖場所は木造の納屋や牛舎くらいだったのでしょう。新世界のアメリカでは、そもそも先住民がテント生活だったので、巣をかける場所自体が極端に少なかったはずです。

順を追って説明します。まずヨーロッパの場合、牛舎などにいったんツバメが居つくと、そこにみんな寄ってきてわらわら繁殖することになります。ここでは捕食されるリスクはほとんどなく、なわばりを選ぶ利益も空間自体を占有する利益もほとんどありません。

結果としてヨーロッパでは、似たり寄ったりのなわばりをがんばって防

図5-8 ヨーロッパの街並み（左）と、ツバメの採餌環境としての農地（右：右下に放牧されている牛が写り込んでいる）。

衛するより、そういった労力なくメスを直接誘引できる、燕尾などの特徴をもつことが有利になったはずです。密度が高いことで浮気の頻度も高くなるので、その方が効率的に子孫繁栄を導くことができます。

一方、日本では、そこかしこに巣をかけられますが、下手な場所ではカラスなどに食われてしまうので、よい場所を確保して、その場所を防衛することになります。結果として、子孫繁栄はよいなわばりを占有するかどうかが決め手となっていて、これにより（なわばり獲得力を向上させる）赤い喉の重要性が高まります。低密度下だと浮気で子を残すことが難しいので、燕尾などの美しさは大して重要でなくなります。

巣場所自体が少ないアメリカに至っては、赤い喉どころか胸まで赤く派手な羽毛をもつことが、数少ない繁殖場所を占有するために必要だったのかもしれません。

なお、モンゴルもかつてのアメリカ先住民と同じく、固定された住居をもたず、テント生活をしていましたが、ここにもアメリカのツバメと同じく下面が赤いツバメがいます。このツバメに関しては、昔、北アメリカのツバメが飛来して居着いたものだということが分かっています。極端に巣場所が限られた環境では、隣接地域にもともといた他のツバメよりも、同じような環境に特化した赤いツバメの方が有利だったというのはありそうなことです。これらの移動式住居では一度繁殖できたとしても、翌年同じ場所に戻っても巣場所にありつけない見込みが高く、余計に激しい競争となっていたのでしょう。

いずれにしても、人間の作った構造物に依存して生活している以上、人間の（建築）文化が、ツバメの性質に全く影響せず、地域差に貢献していないと考える方が無理があるでしょう。ヒトの建築文化はたかだか1万年程度の歴史しかありませんが、この程度の時間があれば十分対応し、れっきとした地域差を形作ることができたはずです。

第8章で詳しく見ていきますが、ツバメなどの野生動物は私たちがイメージするよりずっと早く進化します。実際、最新のゲノミクスを使った研究では、この1万年の間にツバメの進化が大きく変わったという報告もあります。ヒトが異なる建築文化を確立したことで、結果としてヒトの建築物に依存するツバメの特徴も、それに合わせて変わっていったのかもしれません。

小さな精子

もちろん、繁殖環境の違いがもたらすのは、見た目や好みだけにとどまりません。他にも、さまざまな性質の違いをもたらします。

たとえば、第3章で登場した成長したヒナへの子殺しも、今のところ日本でしか報告がないので、捕食圧が高く、巣場所が重要になっている日本で特に発達した行動なのかもしれません（子殺し自体が発見しづらい行動なので、他の地域ではまだ知られていないだけという可能性もあります）。

この節では、つい最近になって明らかになった、私たちの「身近な」ツバメならではの特徴を紹介したいと思います。

まず興味深いのは、日本のツバメの精子（図5-9）がヨーロッパなどで集団繁殖するツバメに比べて明らかに小さいことです。諸事情を踏まえると、これはもともともっていた大きな精子が退化して短くなった結果だと考えられます。

精子と言えば、成人男性の精子数が40年前に比べて半減しているというニュースも飛び交う今日この頃なので、環境ホルモンの影響や有害物質の

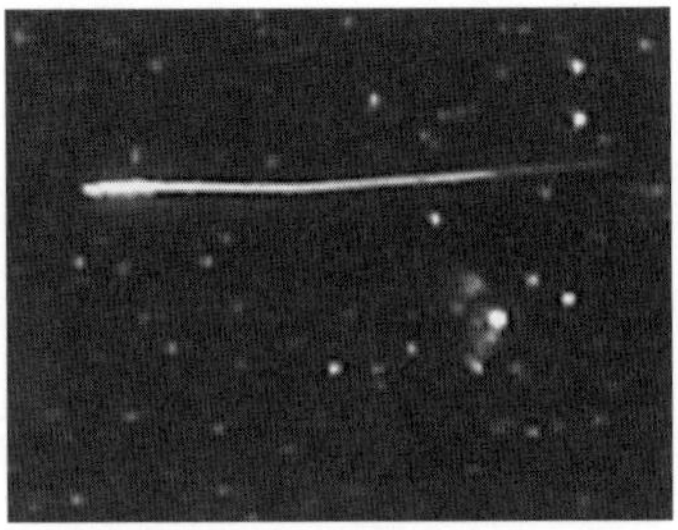

図5-9　ツバメの精子。頭部（左）がらせん状になっている。尾部に比べて中央の部分の色が濃く写っているのは、この部分に遊泳するためのエネルギーを供給するミトコンドリアが巻きついているためだと考えられている。大きさはおよそ82μmで、ヒトの精子（およそ60μm）より少し長い。詳細はHasegawa et al. (2019) Zool Sci参照。

曝露を心配される方もいるかもしれません（実際、ツバメでもそのような例が報告されています）。ですが、今回の場合については、単純に社会環境に適応した進化だと考えられます。

メスが複数のオスと交尾する環境では、未受精卵を巡って精子同士が競い合う状況（専門用語で「精子競争」と言います）がひんぱんに生じ、遊泳速度の高い大きな精子が競争に有利になります。それゆえ、ヨーロッパのように浮気が多い地域で、精子競争に有利な大きな精子が進化しやすくなるのはもっともなことです。

一方、日本の街なかのように、メスが浮気せず、精子競争がほとんどない環境においては、精子の動きも形もそこまで重要にはならず、むしろ省エネの小さな精子を作る方が効率的で有利だったと考えられます。精子という繁殖に欠かせない生殖細胞は、恒久不変でベストな形態を維持しているイメージがありますが、実際は繁殖地の社会環境に合わせてどんどん変わるもののようです。

なお、精子競争は生殖細胞の形態だけでなくさまざまな特徴に影響し、動物によっては、精液に毒を混ぜてメスの余命を減らしてでも自分の精子を使わせようとしたり、特殊なペニスで前のオスの精子を物理的に掻き出すものまで知られています（チンパンジーやヒトとネアンデルタール人の共通祖先に見られるペニスの棘をヒトが失ったのは、精子競争が弱まったためだという説もあります）。

オスの抱卵

精子の大きさのように、新たな生活環境に合わせて元々の特徴を失ったものもあれば、その逆に、今まで見られなかった特徴が新たに出現したものもあります。その一例がオスの抱卵です。

日本やアメリカのツバメは、ヨーロッパのツバメと違って抱卵に参加することが分かっています。日本では全抱卵時間の平均6％、アメリカでは平均9％の抱卵をオスが担っていると報告されています。どちらも全体の10％にも満たないので、取るに足らない小さな割合だと思うかもしれません。実時間にしても1時間当たり数分程度に過ぎません。

ですが、子育てを経験された方なら、どんなわずかな時間でも代わってもらえることのありがたさを、身にしみて感じていることでしょう。子育て中は自分の時間がとれなくなるので、ほんのわずかでも代わってもらい、自分の時間に当てられることは大変助かることです（トイレひとつ行くのにも気を使いますし、うっかりすると食事も食べそびれてしまいます）。便利家電に囲まれたヒトですらそうなのですから、野生動物ではさらに大助かりでしょう。

厳密に言えば、ツバメのオスはメスと違って抱卵斑（第4章参照）を発達させないので、卵の温度上昇には貢献できず、メスの「代わり」になるとは言い難いです。それでも、卵の上に座ることで卵の温度が空気で冷えていくのを防ぐ効果はあります。早い話が天然の羽毛ぶとんとして機能するわけです。

でも、そのように意味のある行動なら、なぜこのような地域差が生まれるのでしょうか。特定の地域で特に有効となるような、なんらかの事情があるのでしょうか。

このことについては昔から興味をもたれていて、さまざまな説明が考えられてきました。「尾羽が長いヨーロッパでは、抱卵することで尾羽にダメージが加わるリスクが高いから、オスは抱卵しない」、あるいは「屋外で繁殖するツバメは、牛舎などに比べて寒さが厳しくなるので、卵をなるべく冷やさないようにオスも協力する必要がある」、さらに「ヨーロッパなど高密度下のオスは、婚外交尾を狙うために高い雄性ホルモンを維持する必要があるので、その副作用として子育てをしなくなった」などがその例です。どの説明ももっともらしく思えます。

どうして日本のツバメが抱卵を手伝うのか、私自身もずっと興味をもっていました（抱卵中の親の様子をうかがうと、頭を巣からぬぼっと出して海坊主みたいでかわいいので、つい注目してしまうという不純な動機もあります）。そして、いろいろ調べてみた結果、私たちは現在「これら3つの理由のどれでもなく、むしろ、対捕食者行動の副産物としてオスは抱卵するのではないか」と考えています。

実際に調べてみたところ、オスの尾羽の長さと抱卵参加には関係がなく、まだ肌寒い春先でも初夏のうららかな陽気の下でも、オスの抱卵参加はあまり変わりませんでした。また、雄性ホルモン濃度の高いオスほど、予想に反して抱卵に参加していることが分かりました。3つの説はいずれも、今ひとつ現実に即していません。

むしろ、巣を防衛するオスは雄性ホルモンが高いことが分かっているので、オスの見回り行動の一環として、ツバメはときとして巣に止まり、周りの様子をうかがっているのだと考えるのが素直です。ただ巣のへりに止まってあたりをうかがうくらいなら、卵の上に座れば卵が冷えるのを防ぐこともできるし、湯たんぽがわりに卵で温まって自分自身のエネルギーも温存できるので一石二鳥です。

捕食圧の高い日本やアメリカでオスの抱卵が見られるのは、これらの地域で対捕食者行動として巣の見回りが発達し、その一環として巣の上に居座るという行動が進化したためでしょう。捕食者対策のために抱卵が発達したなら、捕食リスクの低いヨーロッパのオスが抱卵しないことも納得できます。

まだ「仮説」（確固たる証拠があるわけではないが、とりあえず今後検証していくためにひとまず仮に打ち立てる説）の段階ですが、オスが抱卵している間はメスと違って、あたりをよく見回していることが多いので、けっこう正しいのではないかと考えています（図5－10）。

抱卵という直接的なオスの子育てが、捕食者対策の副産物として、言わ

図5-10　抱卵中に外の様子をうかがうオスのツバメ。長い燕尾と翼が巣からはみ出している。カラスなどによる捕食を避けるために家主が張った糸（矢印）が写っている。

ば「ついで」に進化しただけと考えると、なんだか複雑です。今後、この仮説が正しいのかどうか、検証していく必要があります。

新種誕生？

これまで、地域差の研究はあくまで種内で見られるばらつきというか、局所性を調べるもので、種全体の特性を調べたり明らかにすることに比べて価値が低いと思われてきました。

しかし本章で紹介したように、地域による違いは、ある生物がもっている特徴がなぜ、どのように進化したのかを調べる絶好の機会であり、その究極の場合が種分化という現象になります。全く違う種の生物同士を比較するのとは違って、種内の地域差は進化的にごく最近になって生じたことも分かりますし、同一種というのは基本的に一般性質も（他種と比べると）似ているので、原因も絞りやすいと言えます。

ツバメは世界中に分布していて、かつ、非常に調べやすい生き物です。今後、世界のツバメを調べていくことによって、配偶子や子育ての進化、種分化といった生物の進化全般がより深く分かっていくことになると、ツバメに関わる者としてうれしい限りです。

本章では、ヒトの文化が建築構造の違いを通じてツバメの地域差を招き、それがさらなるツバメの進化に波及している可能性について触れました。ツバメという生物をひとことで言うとすれば、「ヒトの建築文化に依存する鳥」といったところでしょうか。いずれ種分化を起こして別種に分かれるなら、ヒトの文化がもたらす種分化の好例になるかもしれません。

ヒトが原因で新種が誕生するというのは想像しにくいかもしれませんが、実際、イギリスでは第二次世界大戦で掘られた防空壕という地下環境に適応した蚊が、元々の種から分かれ、新種として誕生していることが知られています。

ヒトの文化は流動的で、近頃では世界的に画一化されつつあるので、ツバメでこのまま種分化が進むかどうかは分かりませんが、各地のツバメが今度どのように振る舞っていくのか、興味あるところです。

さて次の章では、逆に、ツバメの存在がヒトの文化に与えてきた影響についても触れてみたいと思います。

ツバメの燕尾論争

燕尾はツバメを語る上で欠かせない特徴であり、多くの研究者がこの燕尾の機能について調べてきました。

燕尾に航空力学的な機能があること、また異性を誘引する機能があることは、本文で紹介した通りです。ですが、結局どちらの機能によって深い燕尾が進化したのかについては、長い間論争が絶えませんでした。思わず「どっちでもいいじゃん」と言いたくなりますが、白黒はっきりつけたいのが研究者の性《さが》です。

初めは「性選択派」の主張が優勢でした。これは、異性を誘引するために進化したとする考え方です。実際にヨーロッパのツバメで性選択が確認されていること、また実験的に燕尾を短くすると採餌が上手になり生存率が向上することから、生存選択ではなく性選択によって進化したはず

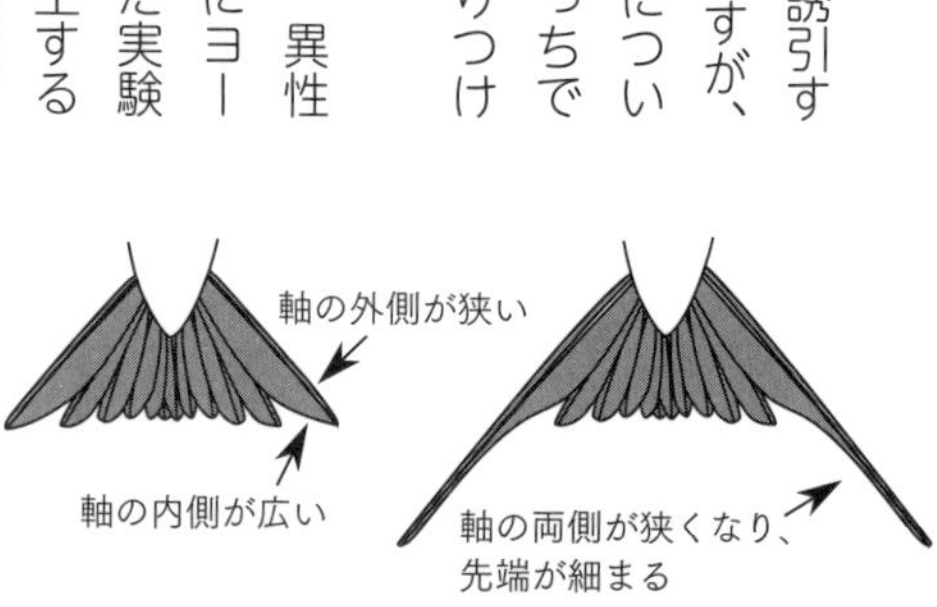

図　燕尾が未発達の種（たとえばイワツバメ）の尾羽（左）と、燕尾の発達した種（たとえば普通のツバメ）の尾羽（右）。Matyjasiak et al. (2009) Funct Ecolの図を日本語に改変。

ツバメ豆知識 4

だという主張はもっともに思えます。

しかし、「生存選択派」が改めて燕尾の長さを短くして実験したところ、ある程度燕尾が長い方が機敏に飛ぶことが分かり、採餌による生存選択だけでも燕尾の進化をおおよそ説明できるとしたことで状況が変化しました。生存選択派が巻き返し、両者の勢力は拮抗することになります。

そこに、性選択派のスキャンダルが舞い込みます。長らく性選択派を先導してきた大御所が、別の研究で不正を働いたと訴えられ、一気に性選択派の信用が落ちました。研究者の取ったデータが正しいという前提で議論が進んでいたのに、データ自体が信用できないのでは話になりません。結局、捏造があったかどうかはうやむやになりましたが、この疑惑は一流科学雑誌である「Nature」や「Science」にも取り上げられ、この大御所が関わる研究は全て黙殺すると公言する研究者まで現れました。

性選択派には折悪く、アメリカのツバメなどでは燕尾への性選択が検出されないと報告され始めた頃です。性選択が見られない地域でもそこそこ燕尾が発達しているということは、やはり燕尾は生存選択で進化していて、性選択によって進化したのは（ヨーロッパとアメリカのツバメの燕尾の違いに相当する）せいぜい先端数㎜程度に過ぎないだろう、という主張もされるようになりました。

実際、生存選択派には、ある程度尾羽が長いときにツバメが最も機敏に飛んだという証拠があります。これまでの研究が採餌効率や生存率、異性の誘引といった環境依存的で漠然としたものだったのに対して、生存選択派が物理学的な指標に着目したため、この主張には説得力がありました。

時代や思想に後推しされた生存選択派でしたが、その論理に穴があることが次第に明らかになっていきます。

まず、第2章で紹介したように、機敏性は飛翔性能の指標の1つに過ぎないので、機敏性の向上がそのまま採餌効率や生存率の向上につながるわけではありません（どれだけ機敏に飛べても、飛翔速度が落ちてエサの飛翔昆虫についていけないのでは、燕尾は採餌装置として機能しません）。採餌効率や生存率といった指標は、物理学的な指標に比べて場当たり的で信頼性が薄いように感じますが、実際は子孫繁栄に直結する優れた指標なので、これ

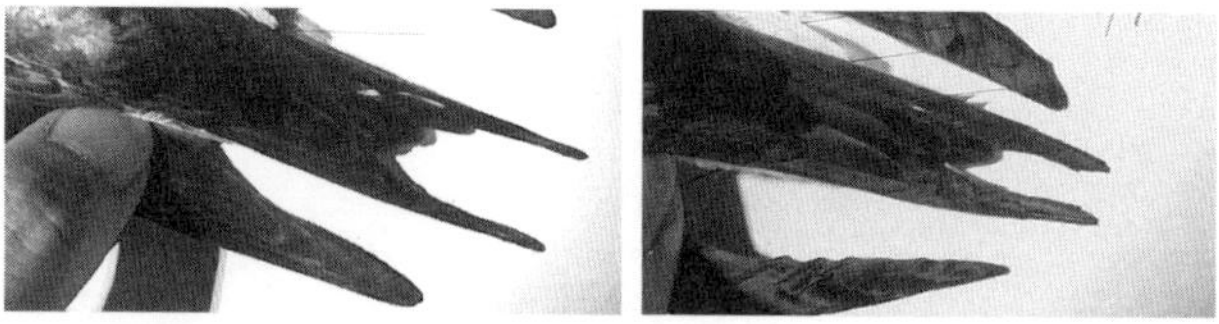

図　実験的に燕尾を10㎜短くしたメスのツバメ（左が操作前、右が操作後）。
Hasegawa et al. (2018) Ethologyより抜粋。

ツバメ豆知識 4

らの指標を軽視するのは間違いです。

また、生存選択派は燕尾だけが進化する状況を仮定していますが、実際はさまざまな特徴が同時に進化しています。深い燕尾が飛びにくさを招くなら、必ずそれを埋め合わせる形で翼の大きさなど別の特徴が進化し、飛びにくさを多少なりとも解消させることになります。既に飛びにくさが別の特徴によって補償されて全体として均衡がとれているなら、燕尾の長さだけ変えて実験しても「飛翔上最適な燕尾の長さ」など算出できません。

それに、スキャンダルが本当だったとしても、燕尾の異性誘引効果は既にたくさんの研究者によって示されています。当時の統計技術では検出できなかったアメリカや日本の性選択も、現在では新しい統計技法で総合的に評価することにより、実際には燕尾を長く伸ばす方向へ進化を促していることが分かっています。実際の進化パターンを調べる方法でも、燕尾は採餌に不利だという結果が上がっており、生存選択派より性選択派を支持しています（内容は第2章に紹介した通りです）。

こうした研究の積み重ねの結果、現在では性選択の重要性が再認識されています。

一連の経緯は、2つの対立する主張の確からしさが、時代とともに揺れ動いているだけのように思えるかもしれません。しかし実際のところ、対立する主張が存在することで、現象の背景と関係するメカニズムがだんだんと明らかになり、また手法の発達や科学的なものの見方も確立し、より盤石な理解ができるように日々進歩していると言えます。

捏造問題についても、その後対策が進みました。研究者を盲目的に「信じる」のではなく、研究者に元々のデータを提出させ、信頼性を後からでも確かめられるようにしている科学雑誌が増えてきています。

Coffee Break

科学論争はツバメの燕尾に限った話ではなく、他の事象や分野でも生じています。身近なところでは、コーヒーは薬だ、毒だ、やっぱり薬だなどといった科学論争をご存じの方もいるでしょう。「科学的根拠」があるというと、なんだか高尚な「おすみつき」をいただいた気がして、つい鵜呑みにしたくなりますが、あくまでその時点での知識や証拠に基づく論理的な「主張」に過ぎません。新しい手法や枠組みのもとでは、主張がくつがえって全く違う解釈になることもよくあります。キャッチーでセンセーショナルな科学論文やその道の権威の主張に踊らされず、自分で考え、解釈することが大事だと思います。

第6章

ツバメと文化

ツバメ釣り

前章までは、科学的なツバメ像に迫ってきました。科学的に解き明かされたツバメの姿は、ヒトの主観を排除した客観的なツバメの姿であり、統計情報に裏打ちされたものです（ただし、その解釈はヒトにゆだねられています）。しかし、ヒトがツバメを見たとき、そのような客観的な姿とは別に、ごく主観的な印象を抱くのもまた事実です。

そうした印象に基づき、古今東西、さまざまな国、さまざまな時代背景のもと、たくさんの逸話が作られ、受け継がれてきました。また、ヒトがツバメを直接利用したり、ツバメからインスピレーションを得て自らの暮らしを発展させることもありました。

本章では、そうした「ヒトにとっての」ツバメ像についてご紹介します。ある意味、ヒトの生活や考え方、文化といったものがどれだけツバメに影響されているかを語っていくことになります。さすがに膨大な数の逸話を全て紹介するスペースはないので、いくつか代表的なものをピックアップしていきます。

まずは、ツバメの直接的な利用からスタートしましょう。

「フライフィッシング」という釣りをご存じでしょうか。釣り糸の先にカゲロウなどを模した疑似餌をつけて川や池に放ち、食いついてきた魚を釣り上げるという西洋の釣りです（日本にも似たような疑似餌を使った「毛針引き」という釣りがあります）。テレビ番組などでご覧になった方もいるかもしれません。フィッシング（fish-ing）と言うぐらいなので、フライフィッシングも魚をターゲットにして行われるのですが、このフライ（英語でfly、ここでは飛翔性昆虫の意味）をツバメは餌としています（第2章参照）。

それなら「水中の魚を釣るようにして、空中のツバメを釣るのも可能ではないか」と考えるのも自然なことでしょう。実際、昔は普通にツバメを釣りで捕まえていたようです。ハエなどの飛翔昆虫を直接、糸の先につけることもあれば、疑似餌で釣ったり、ツバメ専用に特殊な仕掛けを作って釣りをしていたこともあるようです（図6-1）。

もちろん、ツバメを釣るのは単に楽しいからだけでなく、食べるためです。私たちの常識では「ツバメなど食べなくても……」と思ってしまいま

図6-1　ツバメを円盤状の仕掛けで釣る人々。これで本当にツバメが釣れるのか気になるところ。原典はVenationes ferarum, avium, piscium (Hunts of wild animals, birds and fish). Plate 85. Catching swallows from the rooftops using discs, 1596, Antwerp, by Jan Collaert the Younger, Jan van der Straet, Philips Galle. Gift of Sir Arthur Ward, 1990. Te Papa (1990-0035-1/15).

すが、口に入るものはなんでも食べるのがヒトという動物です。

日本でも、昔はツバメを塩漬けにして保存食にしたという話が残っていますが、イナゴや川虫、毒のあるフグまでおいしくいただく文化があることを考えれば、そこまで驚くことではないのかもしれません。ちなみにスズメは、今も昔も国内で料理として提供されています。

昔はツバメを食品のほか、薬としても利用していたようで、中国にはドラゴンの骨（恐竜の化石のこと）などと混ぜて薬を調合するレシピが現存しているそうです。「昔は」とただし書きを入れましたが、海外では現在進行形でツバメを食べている地域もあり、東南アジアの一国では毎年10万羽のツバメが食されているという試算もあります。日々大量に魚を消費している私たちですが、「ツバメが食べられている」と聞くとちょっとかわいそうな気もします。

「ツバメの巣」はおいしい？

食べ物としてツバメを捉えたときに、すぐに思い浮かぶのが中華料理の高級食材「燕の巣」でしょう。さすがに泥でできたツバメの巣は食べられないと分かっていても、その名もずばり燕の巣ですから、街中を飛び回るあの普通のツバメとなんらかの関係があると考える方も多いと思います。

しかし、燕の巣は「ツバメ」とは直接の関係がなく、実際にはアマツバメの仲間の1種である「ジャワアナツバメ」（もしくは近縁種「オオアナツバメ」）の巣を壁からもぎ取ったものです（図6-2）。したがって、呼称として燕の巣を使うのは厳密には誤りで、「アマツバメの巣」とすべきなのですが、食品は売れてなんぼの世界なので、しばしばこういうネーミングがまかり通ります（寿司ネタの「タイ」や「サーモン」に全然違う魚がしばしば使われるのは周知の事実でしょう）。

第1章や第2章でご紹介したように、アマツバメの仲間はハチドリに近い仲間で、ツバメよりさらに飛翔生活に適応している種類です。アナツバメは他の多くのアマツバメ類と同様、地面に降りて巣材を集めたりせず、特殊な唾液を分泌して固めて巣を作ります。そのため、泥やわらを多用する普通のツバメの巣と違って不純物が少なく、食べることができるというわけです。

せっかく作った巣を何度もしつこく回収すると、やがて親は唾液に血が

図6-2　アナツバメとその巣。アマツバメの仲間だけあって翼がとても長い。Pycraft (1910) A history of birdsより写真の一部を拡大。

混じった赤い巣を作るようになるそうです。悪趣味な話ですが、これが燕の巣の最高級品だと言い伝えられています。強制的に餌を与えて作ったガチョウの脂肪肝をフォアグラと言ってありがたがるのと同じで、あまり愉快な話ではありませんが、集団としてのヒトの特性としては一貫していま す。珍しいものであれば、相手がどう感じていてもかまいはしないというスタンスです(日本にも魚介を生きたまま食べる「踊り食い」という食文化がありますが、一部の地域では残酷だとして禁止されています)。

実際には、赤い燕の巣は採取後に着色された場合も多いようなので、「親の唾液に血が混じって……」という話は購買意欲をあおる販促活動に過ぎないのかもしれませんが、むしろこのような「いわくつき」でも売れてしまうところが、この話の怖いところです。なお、このアナツバメは第1章で紹介した「エコーロケーション」をするアマツバメの仲間なので、暗闇でも飛び回れることで知られています。

伝書ツバメ

ツバメが長距離を渡ったり、同じ場所に帰ってくることから、ツバメを単なる食品として消費してしまうのではなく、伝書鳩のように活用しようと考えられたこともありました。

ツバメの足にカラフルな紐をつけて、誰のツバメが最も早く戻ってくるか「ツバメレース」をしたり、その飛翔性能を生かして「伝書ツバメ」としてメッセージを送るのに使ったりしたそうです。野生のツバメを見ているととても人に慣れそうにありませんが、巣落ちしたヒナを一時的に飼育すると、けっこう慣れて肩に止まったり後をついてきたりするそうなので、このような利用方法を思いつくのももっともなことかもしれません。

この伝書ツバメをさらに発展させて、軍事利用への応用が計画されたこともありました。的も小さく俊敏なので、簡単には撃ち落とせず、ハトより情報漏洩しにくいと考えられたためです。

『ギルガメシュ叙事詩』*には、ノアの箱船の原型と言われる大洪水の話が収められていて、洪水後にハトとツバメを放つと船に帰ってくるという描写があります。どちらも律儀に戻ってくる性質があることは、昔から知られていたのかもしれません。ちなみに、『ギルガメシュ叙事詩』はツバメが登場する最古の文献でもあります。

***ギルガメシュ叙事詩**　古代メソポタミアの文学で、紀元前1300年頃の作品とされる。

前述の軍事利用については計画段階で頓挫したようで、結局ツバメはハトほどメジャーに使われることもありませんでした。そもそも穀物食で楽に飼えるハトと違って、ツバメは餌の準備が面倒で、このような目的には向いていないように感じます。

結果として、ツバメレースも伝書ツバメも現在では見られなくなった文化ですが、伝書ツバメが街中を飛んでいるのを想像して、ちょっと当時の様子を見てみたかったなとも思います（もちろん、現在は許可なくツバメを捕獲することは禁止されているので、再現することはできません）。

池の底で眠る？

ツバメの利用が古くから行われていたなら、渡りをすることも当然知られていたはずだと想像されるかもしれません。現在の私たちは、ツバメが夏過ぎにいなくなると、当然南の越冬地に移動していると思い、他の可能性を考えてみることもあまりないでしょう。

しかし、冬季に南国で過ごしていることが分かったのはわりと最近、18世紀になってからのことで、かつては「ツバメは冬になると池の底に潜って冬眠する」と本気で考えられていたこともありました（図6-3）。ツバメが秋から春にかけていないのは、池にずっと潜っているからだというわけです（ツバメの学名をつけた分類学の始祖リンネですら、この話を信じていたそうです）。

ここまで極端ではなくても、「ツバメは冬にどこかの洞窟にこもって冬眠する」という説は、わりと一般的に受け入れられていたようです。また、「冬になると月に行ってそこで暮らす」と真面目に主張する人もいたと言います。

確かに、なんの前知識もなければ、ツバメほど小さな鳥が何千キロもの道のりを毎年行ったり来たりしているというのは、なかなか信じがたいことかもしれません。似たような空中採餌生活をしているコウモリは冬眠するので、ツバメも同じようにして越冬すると考えてもおかしくありません（ハチドリの仲間には「冬眠」する鳥もいます）。

現在の科学的な知識をもっているとおかしな話に見えたとしても、このような説が真面目に議論されてきたからこそ科学的な思考や検証手法が発展してきたわけで、それが科学史の重要な一側面となっています。私たち

図6-3　池の底で魚と一緒に冬眠しているツバメが網にかかると考えられていた。原典はOlaus Magnus (1555) Historia de Gentibus Septentrionalibus.

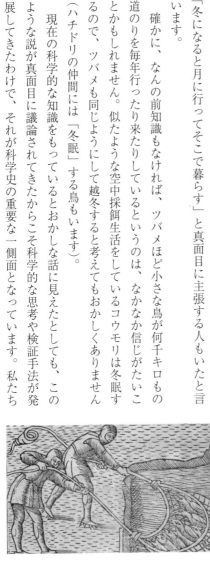

も「昔の人はバカだなぁ」と笑い話にするのではなく、筋道を立てて考え、検証していく姿勢は忘れないようにしたいものです（現在の常識のなかにも、将来おかしな話として語られるものが混じっているはずです）。

ツバメが低く飛ぶと雨

ここまで見てきたように、ヒトのツバメ観のなかには科学的に間違っているものもありますが、もちろん科学的に正しいツバメ観もあります。

特に有名なのは、「ツバメが低く飛ぶと雨」という天気のことわざでしょう。確かに、天気の悪いときにはツバメは低い場所、特に川や池などの上、あるいは草地や木のすれすれで見かけます（図6-4）。理屈はともかく、そのようなツバメの性質は昔から知られており、短期的な天気予報がわりに利用されてきたようです。

背景にある理論も、現代の知識ではそう難しいものではありません。具体的には、中学校で習う「太陽で温められた地表付近の空気が膨張して軽くなり、上へ上へと登っていくことで上昇気流ができる」ことを生物学に応用したものです。理屈を知らなくとも、空気を温めることで熱気球が上昇するのと同じ現象なので、何となくイメージできると思います。

飛翔力の弱い昆虫は、この上昇気流で上空まで運ばれてしまうのですが、悪天候の日には上昇気流の発生自体が抑えられるので、上方への移動が制限されます。こうなるとツバメは空高く飛んだとしても餌にありつけません。そもそもツバメ自身も上昇気流を利用できないので、地表近く、特に昆虫などが飛び出しやすい場所にたむろすることになります（既に1930年代には、天気と飛翔昆虫、またツバメの垂直分布の関係を記した論文が発表されています）。

民間伝承と科学とは、あまり相容れない印象があるかもしれません。しかし言い伝えの幾分かは、実際に人々が自分の肌で感じ、他者に話し、共感を得ることで広まるものなので、科学的な側面もあります。

科学とは何かと問われると、一言で答えるのが難しいのですが、「再現性のあること」、つまり「同じ手法で繰り返せば同じ結果が得られるもの」と見なすことができます。高度な計測機器などは必ずしも必要なく、客観的に誰が行っても同じ結果が得られるなら、そ

図6-4 晴れた日に上空を飛ぶ3羽のツバメ（左）と、天気の悪い日にアスファルトの上すれすれを飛ぶ2羽のツバメ（右）。

れは科学的に証拠があるということになります（もちろん客観視できておらず、思い込みに過ぎないこともあります）。

東洋の伝承・文学とツバメ

ツバメのヒトへの関わりは、日常生活に直接関わるものだけとも限りません。文学や物語にツバメが組み込まれることで、知らず知らずのうちに私たちの世界観や考え方に影響し、教訓や倫理として機能することもあります。

たとえば、ツバメが出てくる日本の昔話に「雀孝行*」があります。内容を簡単に紹介しましょう……親が危篤だという連絡を受けたとき、スズメはとるものもとりあえず急いで駆けつけたため臨終に立ち会い、ツバメはばっちり化粧をして美しく着飾っていったため死に目に会えませんでした。このことを知った神様は、「見上げた孝行ものだから」と、スズメにヒトと同じ穀物を食べることを許可します。一方で、ツバメは「死に目に化粧などしている不届きものだから」と、穀物を食べるどころか収穫期にそばにいることさえ許されず、泥や虫などをつつくことになってしまいま

*雀孝行　「スズメとツバメ」のタイトルでも知られる。

した……という話です。

この話はあくまで昔の人の創作なのですが、ツバメとスズメの見た目だけでなく、採餌生態や渡り、「土食って、虫食って、渋ーい」と聞きなしされるさえずりなどまで論理的に説明する、とてもよくできた話だと思います（その上、倫理観まで与えてくれるというおまけつきです）。もちろん、神様が出てくる時点で現代人には受け入れがたいと思いますが、ツバメとスズメに馴染みがない人に分かりやすく説明する、とても優れた話なのではないでしょうか（実際、本書の序盤で紹介した「採餌生態が云々」という現代的な説明よりも理解しやすい話だと思います）。実例として身近な生物を挙げることで、背景にある倫理の説得力も増すので、「1粒で2度おいしい」物語ということになります。

他の民話や神話などでも、ツバメの見た目を合理的に説明しようとする話はひんぱんに出てきます。

たとえばラトビアには、「神様がツバメめがけて燃え盛るたいまつを放ったため、ツバメの喉は赤く焦げ、たいまつが命中した尾は2つに裂けてしまった」という話があります（ツバメの英名 swallow はそもそも、2つに裂けた燕尾の形状を意味する swallwo に由来するとされています）。ツバメの顔が赤いのは、「キリストのいばらの冠をはずそうとしたときに血がついたためだ」という話もあります。しかし、それらの話と比較しても、雀孝行の説明は特によくできている気がします。日本人の私には日本の話が一番しっくりくるだけかもしれませんが……。

　東洋のことわざや教訓には、他にも「燕雀《えんじゃく》いずくんぞ鴻鵠《こうこく》の志《こころざし》を知らんや」（燕や雀らのような小物にどうして大物の志を理解できようか、という意味）などのように、ツバメとスズメがセットで出てくるものがあり、両者とヒトとの近い関係性をうかがわせます。ここでは燕雀セットで「小物」の代名詞みたいに言われていますが、「燕頷《えんがん》虎頸《こけい》」（ツバメのあごや虎の首をもつような武芸に秀でた勇ましい容姿のこと）のようにプラスの意味で使われることもあります（図6-5）。例え話は身近な例を挙げないと機能しないので、スズメやツバメは重宝したのでしょう。

　ツバメにまつわる地域の昔話は、日本各地に伝わっています。こうした地域伝承には、「舌切り雀」同様、ツバメに悪さをしたおばあさんが最終的に仕返しにあうとか、「鶴の恩返し」のように、ツバメによくしてあげ

図6-5　燕頷虎頸？のツバメ。

たら後で見返りを受けた、といった話が多いようです。
お隣の韓国にも、「フンブとノルブ」という舌切り雀風の話があります。貧しいけれど心の優しい若者フンブは、怪我をしたツバメを介抱して金銀財宝を得ました。それを聞いた意地悪な男ノルブは、無理やりツバメに怪我をさせてから介抱して、結局化け物に襲われました……という話です。

これらの他、ツバメの有名なエピソードが登場する有名な物語に『竹取物語』があります。『竹取物語』は中学校の古典の教科書などにも出てきますし、子ども向けにも「かぐや姫」としてダイジェスト版が出ているので、聞いたことがある方も多いでしょう。

主人公のかぐや姫は、5人の求婚者に「これを取ってこれたら結婚してあげる」と言って、入手困難な伝説の品を要求します。すなわち、仏の御《み》石《いし》の鉢、蓬莱《ほうらい》の珠の枝、火鼠の皮、竜の首の珠、そしてツバメの子安貝です（図6-6）。字面から言っても、現実的にも、ツバメの子安貝だけやけに手頃に感じてしまいます。

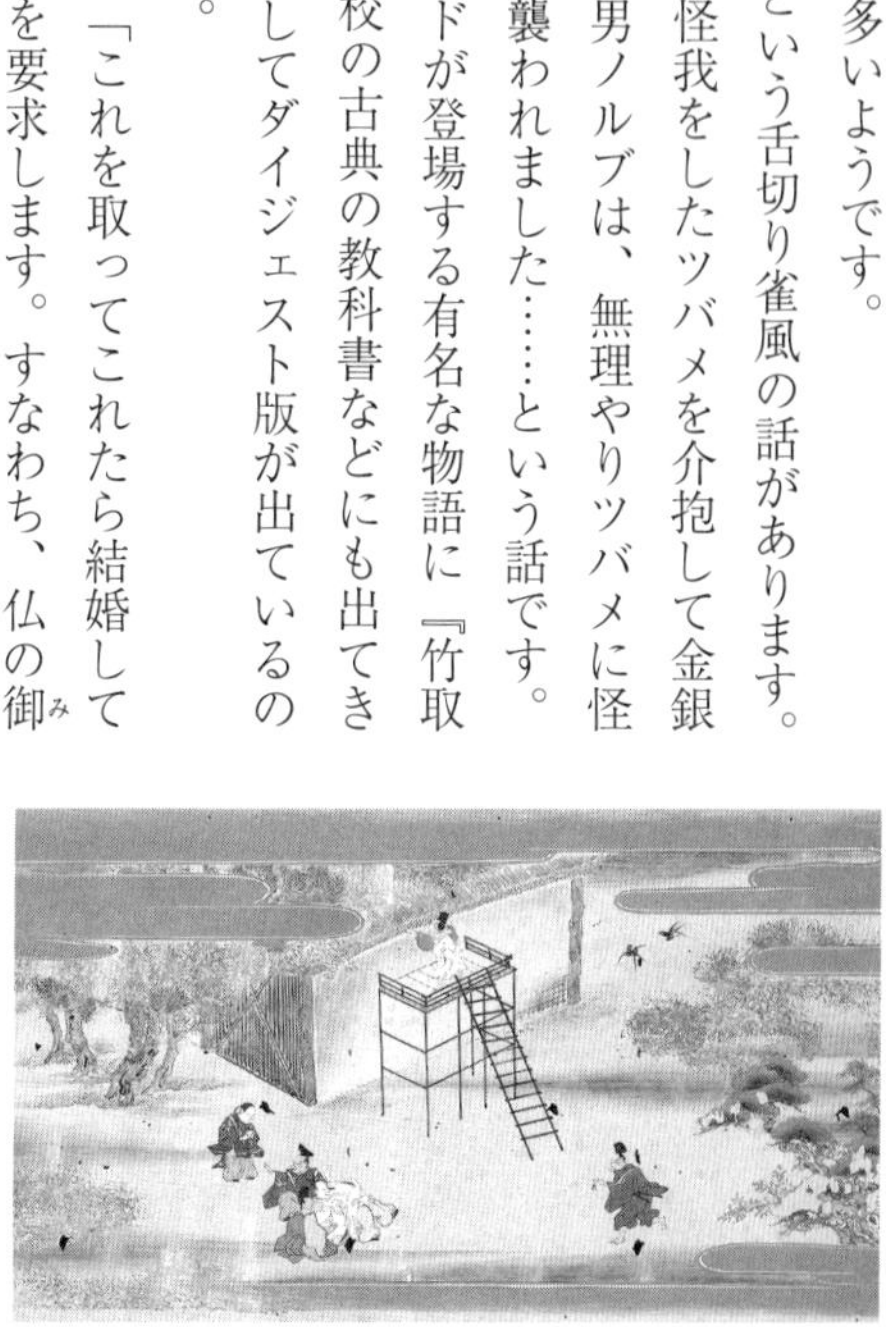

図6-6 『竹取物語絵巻』（一部）。ツバメの子安貝を得ようとして、落ちて腰を強打する中納言石上麻呂足。竹取物語絵巻　九州大学附属図書館所蔵。

キンカチョウやジュウシマツなど、飼鳥を育てたことがある方はご存じかもしれませんが、小鳥の仲間は、消化の促進やカルシウム摂取のために、しばしば貝殻などを飲み込んだり、ヒナに与えたりします。ツバメも例外ではなく、砂利や貝殻など、消化できないものをあえて飲み込むことが知られています。もちろん、持ち主が死んで朽ちれば、腐敗しない貝殻はそこに残ることになるので、巣のなかで貝殻が見つかっても不思議ではありません。実際、まれにではありますが、ツバメの巣から貝殻が見つかることがあります。

このようなことを踏まえると、かぐや姫が中納言石上《いそのかみの》麻呂足《まろたり》（子安貝を見つけるように言われた求婚者）を他の候補者より優遇していたのではないか、などと深読みしたくなってしまいます。また、ツバメには玄鳥《げんちょう》、乙鳥《いっちょう》などいくつか別名がありますが、そのうちのひとつに「天女」という別名もあり、かぐや姫同様、ツバメも月から来て月に帰ると一部で信じられていたこと（前述）から、何か関係があるのではないかと勘ぐってしまいます。当時の言葉遊びなのかどうか知る由もありませんが、いろいろ想像を巡らすのもまた楽しいことです。

西洋の伝承・文学とツバメ

こういったツバメ話は西洋にもあります。なかでも有名なものは「幸福の王子」でしょう。金ぴかの銅像である「王子」がツバメに頼んで、自分の体に埋め込まれている宝石や金などを全て貧しい人々に分けてあげるのですが、最後には冬に耐えきれずにツバメが死んでしまう話です。

死後は王子もツバメも天国に行くということになっていますが、キリスト教的な考えが身についていないと、ただの悲しい話です（「フランダースの犬」も同じような結末なので、人気のある終わり方なのでしょう）。この話にツバメが出てくるのは、本来冬にはいないはずの渡り鳥で、悲しい最後にふさわしいからだと思いますが、私は生きているうちに幸せになってほしかったと思います(この話をオマージュした『クレヨンしんちゃん』のエピソード「幸せ王子とツバメのしんちゃんだゾ」の結末は救いがあります)。

西洋の物語では『イソップ物語』も有名です。この寓話集では「アリとキリギリス」や「北風と太陽」がよく知られていますが、ツバメもひんぱんに登場し、教訓として使われているようです。

たとえば「ツバメと鳥たち」という話があります。ヤドリギを見つけたツバメが「ヤドリギがとりもちに加工される前にみんなで除去しよう」と他の鳥に提案するも相手にされず、ヒトを説得しにいって、結果的にヒトの側についたという話です。ちなみに、ツバメを相手にしなかった他の鳥は、みんなヒトに捕まってしまいます。ツバメは他の生き物と違ってヒトの身近で暮らしているので、教訓として用いるのに都合がよかったのでしょう。

イソップ物語には、ツバメの美しい外見を生かした寓話（ツバメは確かに美しいけれど春夏しかいられないので、年中強い体でがんばれるカラスの方がよいという話）や、ツバメのとめどないさえずりを生かした寓話（自分の輝かしい経歴についてペラペラ話すツバメが、話の矛盾をカラスに指摘されて論破される話）もあります。後者の寓話「ツバメとカラス」はもともとギリシャ神話に由来していて、なぐさみものにされた王女プロクネが告げ口しないように舌を切り取られ、見るに見かねた神様によってツバメに変えられたというエピソードをもじっています（図６－７）。

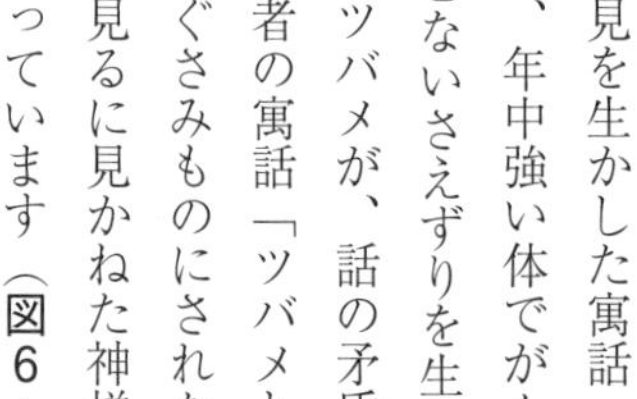

図6-7　ギリシャ神話の一節（ツバメと化したプロクネ）。イソップ物語「ツバメとカラス」の元ネタとされる。画像はAndrea Alciato (1546)Emblemata Libellus。University of Glasgowより許可を得て抜粋。

この話も先の幸福の王子もそうですが、一度生まれた物語は時代も地域も超えてどんどん形を変えて受け継がれ、ツバメ自身のイメージも変えつつ各地で文化の一部として浸透し、継承されていきます。子孫繁栄をもたらす遺伝子（gene）が後世に伝わって生物を進化させるように、伝達されやすいアイデアや思想など（いわゆる「ミーム（meme）」）が後世に伝わって文化を発展させていく――これはリチャード・ドーキンスが著書『利己的な遺伝子』のなかで述べたことですが、まさにその過程をツバメの物語の伝播にかいま見ることができます。

ツバメと芸術

文学とともに文化的な活動に欠かせないのが芸術です。芸術は、日常生活に必須なもろもろの活動とは違って自由度が大きいからこそ、ヒトの文化を色濃く反映し、また別の文化的側面に影響を与えるように思います。ちなみに、芸術的な感性（美的センス）がヒト以外の動物にも存在することは、第3章で紹介した通りです。

ツバメの絵は、紀元前1500年頃には既に登場しています。当時のギリシャの壁画に書かれたもので、おそらく闘争中と考えられる喉の赤いツバメが鮮明に描かれています（口絵43参照）。事情を知らなければ、現代に描かれたものと間違えそうなほど洗練されたデザインです（正直、私が描いたツバメよりよっぽどツバメの特徴を捉えています）。

同時期の別の地域からは、ツバメのフォルムをかたどった金属製のプレートも発掘されており、どちらもツバメに寄せる関心の高さをうかがわせます。ツバメの独特なフォルムは、当時の人にとっても芸術的な感性を刺激するものだったのかもしれません。

その後も、神話や文学との関わりもあって、絵画のモチーフとしてツバメは繰り返し使われていきます。キリスト教の宗教画でも、冬にいなくなってまた春に現れる特性を「キリストの復活」と絡めて、ツバメがよく登場します。

もちろん、宗教とは無関係に登場することも多く、近代美術の父と呼ばれるマネは『燕』という作品を描いていますし、サルバドール・ダリ最後の油彩作品には『ツバメの尾』というタイトルがつけられています。ダリは、燕尾自体の美しさというより、「swallowtail」という数学理論の概念的な美しさに感銘を受けて描写したようです。

日本でも、歌川広重の『月夜桃に燕』や葛飾北斎の『紫陽花《あじさい》に燕』など、ツバメを扱った絵は多くあるので、日本人にとっても感性を刺激するデザインなのかもしれません。着物の文様や花札の柄など、ツバメのデザインは日本国内のさまざまな文化のなかにも浸透しています。

音楽にもツバメを扱った作品が多く、ブルグミュラーの『つばめ』などは、ピアノの練習で弾いたことがある人も多いことでしょう。芸術のモチーフとなり、多くの人の目に触れ耳に残ることで、それぞれの文化に深く根づいて、さらなる文化の発展を支えます。

「ツバメの巣台」という文化

ツバメの物語や逸話、芸術作品が残っていると分かりやすいのですが、ツバメが人に与える影響には、そうしたいかにも文化的な形をとらないものもあります。

その一番分かりやすい例がツバメの巣台（図6-8）でしょう。巣台とは、ツバメの巣のすぐ下に取り付けてある、木などでできた台のことです

図6-8　ツバメの巣台
（第6章の写真を少し広角にしたもの）。

（台の詳細については巻末のおまけ参照）。

都会ではどうか分かりませんが、田舎では巣台はわりと普通に見られるもので、特に目新しいものでも珍しいものでもありません。「確かにツバメという存在があってこその習慣だが、とりわけピックアップするほどのことではない」と思うかもしれません。ところが、イギリスのツバメの研究者、Angela Turnerさんが書いた『Swallow』という本によると、このような習慣はアジア諸国、特に日本で顕著に見られるもので、ヨーロッパなど西欧諸国ではあまり見られないのだと言います。

第5章で紹介した通り、ヨーロッパとアジアではそもそもツバメの営巣場所が違うのですが、ヨーロッパでも屋外にツバメが巣をかけることはあるので、機会がなかったわけではありません。また、ツバメの人工巣も海外では普通に売っているので、ツバメに興味がないわけでもないと思います。むしろ、アジアで巣の土台をつけるという風習がいつの間にか始まり、それを周りの人たちが広め、世代を超えて脈々と受け継がれてきたのでしょう（アジア人の方が助け合いの精神が強いのか、儒教の教えなのか、理由はよく分かりません）。

ヒトの側の文化も地域差があって当然なのですが、ヒトの建築文化がツバメに影響し、今度はそれに応じたツバメの行動がヒトの文化を形作って……と、どんどん連鎖していくのはなかなかおもしろいものです。文化のなかにいるとその特殊性に気づきにくいですが、ツバメとの長い付き合いは、密かに私たちの考え方や行動に影響し、私たちひとりひとりがいつの間にか文化の担い手になっていることは、（気づかないだけで）この例に限らないように思います。

ツバメに追いつけ、追い越せ

既に紹介したように、科学技術もまたヒトが作り出した重要な文化の1つであり、ツバメの行動を通信や天気予報などに直接的に利用するだけでなく、ツバメの印象からインスピレーションを得て新たな技術を確立することもあります。

なかでも飛行機は、ヒトが長年思い描いてきた「空を飛びたい」という夢を実現した分かりやすい例の1つです。多くの飛行機が自由に空を飛び回るツバメの名を冠しており、日本の有名な戦闘機「飛燕」のほか、ドイツの「Schwalbe（ドイツ語でツバメの意味）」、イギリスの「Swallow」というものもあります。この最後のSwallowは史上初めて音速を突破するという偉業を遂げており、飛行機はある意味、ツバメも成しえなかった領域までヒトを運ぶことに成功しています。

もちろん、第2章で見たようにツバメの独特な曲芸飛行はどのように達成されているか分かっていませんし、ヒトが憧れるツバメの飛翔そのものが再現可能になったわけではありません。これも第2章で記したことですが、そもそもヒトの視覚ではツバメの飛行を再現できないかもしれません。

それでも、ツバメに限らず生物への憧れがヒトの技術を進歩させたのは疑いようがなく、今なお新しい技術制作のモチベーションとなり、その存在と特性そのものがヒトの技術革新を支えています（初めて空を飛んだ飛行機も、ライト兄弟が鳥の飛翔から着想を得たものとされています）。

近年では、生物の構造や機能をよく調べて模倣的に新技術を確立させる「バイオミメティクス」が発達し、競泳のイアン・ソープ選手で有名になった抵抗の少ない鮫肌のスイミングスーツや、蚊を模倣して作られた痛みの少ない注射針など、今やさまざまな分野に広がっています。近い将来、ツバメを模した新技術が生まれるかもしれないと考えるとワクワクします。ちなみに、第3章で紹介した「美しさ」としての燕尾は、既に中国建築の装飾などに取り入れられています（図6-9）。

ヒトの生活のさまざまな面でツバメの貢献が多く見られること自体が、ヒトにとってツバメが身近であり、それゆえに多大な影響を受けていることを物語っています。ヒトの文化がツバメに影響した可能性は前章で紹介しましたが、ツバメの存在もまたヒトの文化や考え方に影響し、ときに食料として、技術の礎として、ヒトの生活を支えてきました。お互い、大いに依存してここまでやってきたと言えるかもしれません。

さて、最終章では、この関係性を元にツバメが今後どうなっていくのかに着目したいと思いますが、その前に、本章の序盤でも少しだけ登場したツバメの越冬期の生活に目を向けたいと思います。

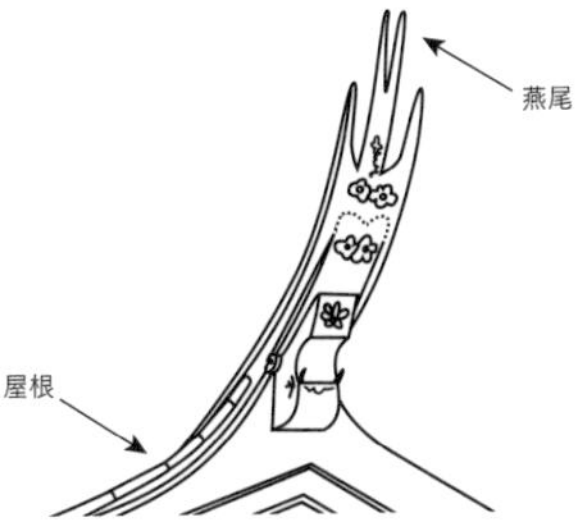

図6-9　中国・台湾で見られる燕尾建築（燕尾脊という名で知られる）。日本の城などではしゃちほこがつく位置に燕尾がついている。曹春平（2016）闽南传统建筑の図の一部に日本語を加えたもの。

寄生虫と「赤の女王」

現代の日本人にとって、寄生虫はもはや身近な存在ではないかもしれません。ダニはともかく、シラミやノミ、寄生バエと聞いて「げっ」と思うことはあっても、実物に遭遇する機会はほとんどないでしょう。つい寄生虫など「いなくて当然」のように錯覚しますが、本来寄生虫は「いて当然」で、ツバメを含めた野生動物に普遍的に見られる存在です。

ツバメを調査で捕まえると、いわゆる「スズメサシダニ」、「ハジラミ」など、なんらかの寄生虫がいて、身体中を這い回って血を吸ったり、羽毛を食べたりしています。特にスズメサシダニは、ヒナが大きくなってくると巣の外まで這い出てくるので、ご存じの方もいるでしょう。せいぜい1㎜程度の小さなダニとはいえ、数千、数万の大群でうごめいていると、気持ちのよいものではありません。

体の表面につくこれらの「外部寄生虫」に加えて、血液中や消化管などにも「内部寄生虫」としていろいろな寄生者が存在しています。

さて、こうした寄生虫は宿主となる生物（ここではツバメ）の進化に多大な影響を与えている、という説があります。直接被害を受けない私たちですら、できれば目にしたくな

ツバメ豆知識 5

いほどなので、被害を受ける当事者がこれらの寄生虫を敬遠し、相応の進化を遂げるのは当然かもしれません。自分自身が寄生虫にさらされないようにするのはもちろん、寄生虫トラブルのない相手を伴侶に選び、自分と子どもたちの被害を最小限に抑えるように進化します。

そうしたときに問題になるのが「どうやって相手の寄生虫被害を把握するか」ということです。外部寄生虫の大多数は羽毛の奥に隠れているので、求愛中の異性をチェックして寄生虫の数やダメージを直接調べることは不可能です（内部寄生虫に至っては目にすることすらできません）。

直接調べられない以上は何か間接的な指標を使うことになりますが、それが第3章に登場した、派手な羽毛やさえずりといった高いコストを伴う特徴です（コストについては第4章、140頁のコラム参照）。寄生虫に栄養を奪われてしまうと、栄養不足で派手な羽毛を生産できなくなり、

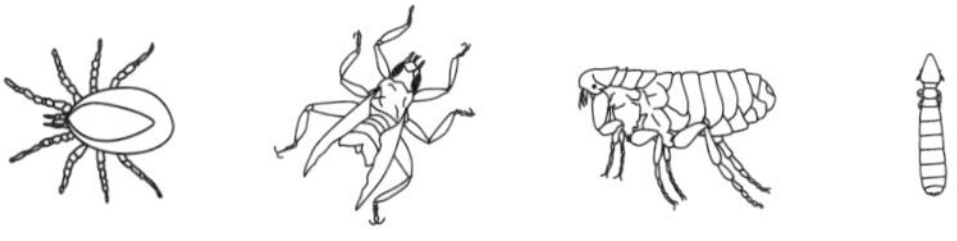

図　ツバメの寄生虫（左からスズメサシダニ、シラミバエ、ノミ、ハジラミ）。ハジラミのイラストはAçici et al. (2011) Travaux du Muséum National d'Histoire Naturelleの写真、それ以外のイラストはMøller (1994) Sexual Selection and the Barn Swallowのスケッチを簡略化したもの。それぞれのおよその大きさは1㎜、5㎜、3㎜、2㎜程度。わりと大型のシラミバエやノミも実物は非常に薄く、容易に毛の隙間などに隠れられる（口絵12・13参照）。

また元気にさえずるのも難しくなります。逆に言えば、派手な羽毛や快活なさえずりを確認することで、寄生虫被害の少ない異性を選出できるということです。

この寄生虫を介した配偶者選びのおもしろいところは、進化がおそらく永遠に続くと予想されることです。同じ環境に何世代もさらされ続ければ、生息環境に完全に適応して進化がストップしそうなものですが、環境自体が変化し続けるなら進化は止まりません。寄生虫への抵抗性を鳥が獲得すれば、今度はそれに対抗して環境の構成員たる寄生虫が進化し、その進化に合わせてまた鳥が進化して……と進化し続ける状況が生じるのです。

進化学では、この「環境（を構成する生物）が進化するからこそ、それに対抗して生物自身も進化し続けるのだ」という考え方を「赤の女王仮説」と呼びます。突飛な名前ですが、文学に詳しい方はお気づきでしょう。ルイス・キャロルの児童文学『鏡の国のアリス』（『不思議の国のアリス』の続編）の登場人物である赤の女王にちなんだ名前です。

第6章では、ツバメがヒトの文化にもたらす影響について説明しましたが、ヒトの育んだ文化が生物の進化や生態の理解を促すこともよくあり、赤の女王仮説はその一例です。物語の中で赤の女王は「周りが走り続けるから、自身もその場に居るためには走り続ける必要がある」という趣旨のことを言いますが、これはまさしく宿主と寄生虫の関係そのも

ツバメ豆知識 5

のです。

実際、ツバメとスズメサシダニの関係は赤の女王仮説が当てはまる典型的な例とされており、ダニへの抵抗性が高いオスほど深い燕尾を発達させ、こうしたオスの子はダニへの抵抗性と深い燕尾を受け継いでいることが分かっています。進化が永遠に続くなら、深い燕尾のオスを選びさえすれば、メスは未来永劫いつだって寄生虫トラブルの少ない伴侶（と子ども）を得られることになります。

なお赤の女王仮説は、寄生虫を介した装飾の進化だけでなく、「生物はなぜ、オスとメスがわざわざ交配して子を残すのか」も説明しています（元々はこちらで有名になった仮説です）。ダニやシラミバエなどの外部寄生虫はともかく、内部寄生虫や細菌、ウイルスなどは、分単位、秒単位で増殖して進化し

図　アリス（左）を引っ張る赤の女王（右）。
Carroll (1897) Through the looking glassより。

ます。世代時間の長い宿主がこうした相手に後れを取らずに対抗するには、世代ごとの変化量を上げる必要があり、それを可能にするのが雌雄の交配です。

詳細は割愛しますが、交配して雌雄の遺伝子をシャッフルさせることにより、クローンを作るだけの単為生殖よりも多様な子孫を作って、効率よく進化していくことができるわけです（実質的なクローンである一卵性双生児よりも二卵性双生児の方が似ていないのはこのためです）。実際、世代時間が長い生物は、（ギンブナのような例外を除いて）圧倒的多数が交配によって子孫を残します。

寄生虫という一見厄介者にしか見えない存在のおかげで、生物が交配し、異性を惹きつける魅力的な特徴が進化して彩り豊かな世界が広がったのなら、寄生虫に感謝すべきかもしれません。

図 本州産のフナ。フナの仲間には同種オスの精子を必要とせず、メスだけで増えるフナがいる（ただし、どのフナが単為生殖するフナか、形態から判断することはできない）。

第7章

リュウ・キュウ・ツバメと越冬

琉球列島の「ツバメ」

これまでの章は、主に九州以北で繁殖するツバメに焦点を当ててきました。九州以北の人にとってツバメと言えば、この普通の「ツバメ」を指すことになります。

では、琉球列島以南にツバメの仲間はいないのかというと、います。ただし、琉球列島で繁殖しているツバメは〝内地*〟で繁殖しているツバメとは別種で、「リュウキュウツバメ」（図7-1）というちょっと格好よい名前の種になります（第5章で紹介した学術的な記載方法に従えば、*Hirundo tahitica* という学名でタヒチのツバメを意味します――分類体系によっては別の名前が当てられることもあります）。

これまでの本などではあまり触れられてこなかったリュウキュウツバメですが、鹿児島の奄美群島や沖縄では一年中見ることができる「留鳥」で、ごく普通にいる鳥です。さらに、普通のツバメと違って尾羽が短いなど、よく見れば外見も特徴的です。本章では、そんなリュウキュウツバメについて少しご紹介しつつ、ツバメたちの冬の生活を垣間見ていきます。

*内地　奄美・沖縄から見た本州・四国・九州のこと。

図7-1　冬季に電線に並んで止まるリュウキュウツバメ。

冬の暮らしを調べる

「ツバメは冬の間どういう生活をしているのか」ということは、実はよく分かっていません。基本的にツバメは熱帯・亜熱帯で越冬し、温帯以北で繁殖するのですが、極めて多数の研究がある繁殖期と違って、越冬期に何をしているのか、学術的な報告は少ないのです。

２００６年に出版された Angela Turner さん著の『The barn swallow』という学術書があるのですが（とてもよい本で、本書の記載はこの本をもとにしているところが多くあります）、繁殖期を扱った項目が80ページを超える一方で越冬期の項目はわずか4ページと、極端に少ない記載しかありません。試しに書き出してみると、「繁殖した場所が違うツバメ同士は越冬する場所も違う傾向にある」、「いろいろな環境で越冬する」、「越冬地では数百万羽の大群になることがある」といった程度のことしか記されていません。

これは、研究が基本的に先進国で行われていて、熱帯・亜熱帯など発展途上国での情報がほとんど得られないためです。鳥の研究などといった人間社会を直接向上させない研究は、先進国など生活に余裕のある地域で行われることが多く、またこれらの地域の方が研究環境が整っており、より質の高い研究ができるので、みんなこぞって身近な温帯以北の生物で研究を進めてきたわけです。研究者の都合で偏りが生じたことになります。

しかし、現実問題としては仕方ないところもあります。研究にはお金がかかりますから、研究内容を充実させるためには必然的に旅費のかからない近場で研究をせざるをえない、という実務上の制約があるのです。意識が高いように見せて、研究者はわりと世俗的で現実主義者です。

ツバメという種に限れば、単純に冬の生活が分からなくなる程度の影響で済みますが、熱帯・亜熱帯の生物の挙動が反映されないと、生物全体としての一般則が正しく調べられないという問題もあります。

たとえば、鳥はオスがメスより派手で、基本的にはさえずりを行うのもオスだと第1章で紹介しましたが、熱帯・亜熱帯の鳥ではこのパターンが当てはまらないことも多いと言われています。雌雄とも派手だったり、雌雄で異なる派手さをもっていたり、雌雄がともにさえずったり、デュエットする鳥さえいます（有名どころではヤンバルクイナなどが上手にデュエットするそうです）。熱帯・亜熱帯の鳥のことをちゃんと調べれば、雌雄がさえずったりデュエットする方が一般的な可能性すらあります。

ようやく最近になって現状の問題点が指摘され、亜熱帯や熱帯域での研究が急務とされるようになってきました。そもそもツバメという単一の種においてさえ、冬の生活が分からなければ、どの時期がツバメにとって一番きつい時期なのか、近年のツバメの減少は繁殖地と越冬地のどちらのせいなのか（第8章参照）、といった基礎的なことすらはっきりしません。

「急務ならすぐに始めればよい」とお考えでしょう。その通りです。しかし、これらの地域では研究環境どころか、生活環境自体が整っていません。電気やガスが普及していない国も多く、猛獣、毒ヘビ、寄生虫、病気などの危険があり、治安が悪かったり、物資の運搬に不都合があって、なかなか思うように研究が進みません。この方面にあまり詳しくない方でも、小説や映画によく登場するエピソードとして、生きたヒトに寄生するハエや、銃をもった密猟者、すぐ荷物がなくなることなどをご存じかもしれません。まさに映画『インディ・ジョーンズ』の世界です。

私も昔、一度だけ当時の指導教官のお手伝いでマダガスカルに行ったことがありますが、とても大変でした（図7－2）。湖にはワニがいるので、湖畔を歩くときは食われないようにしないといけないし、水はちゃんと濾過しないと飲めないし、お湯は出ないし、電気は自由に使えないし、ずっとテント生活だし、食事は合わないし、腹痛でダウンするし、マラリア予防の薬はまずくて気持ち悪くなるし……といった感じで、ひとつひとつ書き上げていけばキリがないくらいです（それでも、指導教官が言うには「昔に比べてはるかに快適になった」とのことで、数年後にはクーデターが勃発するなか調査に行く姿を見て、次元の違いを悟りました）。

私が軟弱者だということもあるのですが、これでは研究が進まないのも仕方ないように思います。いかに生活環境が大事か、思い知りました。海外でこともなげに調査をして、平然と戻ってこられるというのは、それだけですごいことです。誰もがジョーンズ博士になれるわけではありません。このような環境で越冬期のツバメを調べるなど、夢のまた夢です。

そこで、日本です。日本は南北に細長い国で、亜熱帯である奄美・沖縄域も国土に含んでいますから、越冬期の亜熱帯でツバメたちがどのように暮らしているのか知る上で、とてもよい環境にあります。

図7-2　南国での調査は大変。マダガスカルでの調査地に向かう途中の村（左）と湖畔のワニ（右）。日本での調査がいかに気楽か身にしみた。

言うまでもなく、電気・ガス・水道完備で、インターネットも携帯電話も使えますし、危険な生き物といってもハブくらいです。怪しげな密猟者も、変な寄生虫もいません。トロピカルな環境で、きれいな海を見ながら、三食おいしくいただいて、快適気ままに調査することができます。

残念ながら普通のツバメはあまりいませんが（石垣島などには普通のツバメもたくさん越冬しています）、リュウキュウツバメはたくさんいるので、リュウキュウツバメの冬の生活に焦点を当てることで、ツバメの仲間が冬にどのような生活をしているのか、垣間見ることができます。

百年に一度の進化が見られた！

前置きが長くなってしまいましたが、そのようなわけで、私たちは奄美大島のリュウキュウツバメの調査を始めました。石垣島のツバメではなくリュウキュウツバメに目をつけたのは、この鳥自体にも興味があったというのが正直なところです。

第3章でご紹介したように、ツバメはさまざまな美しい特徴をもち、かつ、ヒナに似た声も出します。いわば、かわいさと美しさが同居している鳥です。リュウキュウツバメもヒナに似た声を出したりしますが、ツバメに比べて尾羽も短く、尾羽の白斑も小さいので、少なくとも美しさに関して言えばそれほどではないように思えます（図7－3）。何がこれほどの違いをもたらしているのか調べたいという気持ちもあり、リュウキュウツバメの様子を見に行ったというわけです。

２０１６年2月に奄美大島に着いてみると、亜熱帯だというのにとても寒く、私たちが調査に訪れる数日前には雪まで降りました。奄美大島では115年ぶりの雪で、気温に至っては、１８９７年に統計を取り始めてから初めての寒さ（最低気温４℃）という厳冬でした。加えて、この冬は雨が多く、琉球列島全体で例年の2倍近くの雨が降ったといいます。

低温や雨という気象は、ツバメたちにとって非常に過酷な状況です。ツバメは基本的に飛んでいる虫しか食べないので、虫が飛翔できないほどの寒さでは、食べるものがほとんどなくなってしまいます。

最初は「意外と寒いなあ」くらいにしか思っていなかったのですが、リュウキュウツバメのねぐらを探してまわると、結構な数の死体が見つかって驚きました。鳥の死体など、普通はそう簡単に見られるものではありませ

図7-3　いわゆる「琉球切手」に描かれたリュウキュウツバメ。琉球切手はアメリカ軍統治下で発行された切手のため、単位が¢（セント）で、味のある絵が時代を感じさせる。

ん。普段鳥に関心を払っていないとあまりイメージが湧かないかもしれませんが、あれだけいっぱいいるスズメやカラスも、いざ死体を見つけようとするとなかなか見つけられないものです。

逆に、死体が続々と見つかるということは、何か普段とは違った特別なことが起きている可能性が高いと言えます（鳥インフルエンザなどが流行っているときにちょっと死体が発見されただけで大騒ぎになるのはそのためです）。もちろん元気に飛んでいるリュウキュウツバメもいたので、生存個体と死亡個体で何が違うのか、急遽調べてみることにしました。

実際に調べてみると、羽毛に含まれる色素量などにも違いがあったのですが、それとは別に、飛翔装置である翼と燕尾に大きな違いが見られました。翼に関しては、生き残ったものの方が死んだものより明らかに長く、翼の発達したリュウキュウツバメほど（厳冬での）生存能力が高いことが分かりました。一方で燕尾については、生き残ったものが死んだものより明らかに短く、燕尾が長いと厳冬を乗り切れないことが分かりました。

さすがにびっくりしました。予期せず、自然選択をこの目で確かめることになったのです。

長い翼の方が効率的に飛べるので、翼への自然選択についてはある意味もっともな結果です（第2章参照）。しかし燕尾については、採餌など生存上の利益で進化したのか、それとも異性の誘引など繁殖上の利益で進化したのか、当時はまだはっきりしない状況だったので、「（少なくとも採餌環境が悪化している厳冬下では）燕尾が生存に不利だ」と明示されたことに、大いに驚いたわけです。喜び勇んで、すぐ学会に報告しました。

翌年に再び奄美大島を訪れ、子世代の形態を調べてみたところ、厳冬前の親世代より尾羽が平均0・9㎜短くなっていることが分かりました。この違いは、年齢の違いなど親世代と子世代の組成の違いや偶然では説明できなかったため、厳冬によって燕尾が「進化」したと考えられます。

まさか進化をこの目で捉えることになるとは思っていなかったので、とてもびっくりしました。二度目のびっくりです。

しかしよくよく調べてみると、生き残ったリュウキュウツバメのなかでも尾羽の長い個体は（厳冬の間に限って）生理的な状態も悪化していて、体重が軽かったり、生理的なストレスの指標である血中コルチコステロン濃度も高い値を示していました。体調悪化の延長線上に死があると考えれば、尾羽の短い個体が生き残りやすく、またそれゆえに次世代を残しやすいのはもっともなことです。

自然選択や進化は別に珍しいことではなく、日常的に至るところで働いている現象ですが、それでも目の前ではっきり見られたのはとてもうれしいことでした。「たった0・9㎜で何を大げさな」と思うかもしれませんが、たった1世代でこれだけ違うのなら、何度も繰り返されることでかなりの量になるでしょう。

私としては、この結果を見てすぐ有名な「ガラパゴスフィンチのくちばしの進化*」を連想し、興奮したのを覚えています（図7-4）。よくよく考えれば、種子食者であるフィンチで採餌成功を大きく左右するくちばしに強い自然選択が働くように、飛翔昆虫食者のツバメで（採餌成功を大きく左右する）燕尾に強い自然選択が働くのはもっともなことです。セレンディピティとでもいうのでしょうか、予期せぬ幸運で真相に近づくことも、研究の楽しさの1つです。

後になって考えてみれば、リュウキュウツバメがそもそも短い燕尾しかもたないのは、このような厳冬に見舞われたときに長い燕尾

図7-4　ガラパゴスフィンチの顔のアップ（右上の2）。一般的には近縁種（1、3、4など）をまとめて「ダーウィンフィンチ」と呼ぶ。出典：Darwin (1909) The voyage of the Beagle.

***ガラパゴスフィンチのくちばしの進化**　簡単に言うと、干ばつ後に採餌効率の悪い個体が餓死することで、ガラパゴスフィンチのくちばしが、効率的に採餌できる分厚いくちばしに1世代で進化したという話。『フィンチの嘴』（ジョナサン・ワイナー著）という本に詳細が載っている。

をもつと生き残れないためではないか、という気がします（図7－5）。ツバメの燕尾は異性を誘引する上で意味があるという説明をしましたが、そのような厳しい気候にさらされる場合には、長い燕尾が生存を脅かし、さらに生理状態も悪化させてしまい、異性から見てもあまり好ましい個体とは言えなくなっているのかもしれません。

逆に普通のツバメは、厳冬に見舞われる可能性の高い亜熱帯域を越冬に使わず、気候の安定した熱帯域まで渡っていくからこそ、長い燕尾でもこれまでやってこれたのでしょう。

いずれにせよ、ツバメの仲間にとって越冬期は単に繁殖までの余暇を楽しむ南国のバカンスではなく、必死で生き抜かなければならない過酷な時期であることが想像できます。もちろん、環境が整っていて比較的楽な年もあるとは思いますが、何年かに一度でも集団の多数が死んでしまうような厳しい冬が訪れるのならば、うかうかしているわけにはいきません。

実際、ツバメの仲間では大量死や地域絶滅がひんぱんに生じることが知られています。繁殖期だけ見ていては、なぜリュウキュウツバメが短い尾羽をもつのか、なぜツバメがはるばる熱帯まで越冬に行くのか分かりませ

図7-5　リュウキュウツバメの尾羽（腹側から見たところ）。口絵14のツバメの尾羽と比較して、明らかに外側の尾羽が短い。

んが、越冬期のツバメたちに焦点を当てることで、燕尾の意味も渡りをする意味も（間接的ではありますが）議論できます。

「留鳥」としてのツバメ

餌不足で死ぬリスクがあるなら、多少大変でも渡りをして、そのようなリスクが小さくなる熱帯域でツバメが越冬することは、理にかなっています。ただ、この理屈に沿って全てのツバメが熱帯まで渡っていくかというと、そうとも限らないようです。

近年の地球温暖化に伴い、本来は温帯域で越冬に適していない環境でもツバメが越冬するようになったことが報告されています。前述のように、ツバメの冬の生活を制限しているのは、寒さそのものというよりむしろ餌の枯渇なので、寒くても虫さえいればなんとかやっていくことができます。

実際、昔から茨城県の霞ヶ浦や静岡県のウナギの養殖場など、虫が大量にわきやすい地域ではツバメが越冬することが知られていたので、近年の温暖化はこの傾向をさらに推し進めている、というのが正確なところかもしれません。ヨーロッパでも新規に越冬個体群が登場していることが知られていますし、日本でも越冬どころか、年中ツバメがいて「留鳥」化している地域もあります。

私自身、宮崎県での越冬期の調査とその後の追跡調査によって、当地のツバメが越冬するだけではなく、その場にとどまって繁殖する留鳥として振る舞っていることを確認しています（「うちのツバメもそうだ」という方もいるでしょう）。前章では王子にせがまれて冬を迎えて死んでしまうツバメの物語が出てきましたが、現在であれば（それこそオマージュ版の『クレヨンしんちゃん』のエピソードのように）死なずに済み、幸福な一生を送ることができたかもしれません。

ツバメがなぜ留鳥化するかについては、生存利益だけでなく、繁殖上の利益も合わせて考えると分かりやすいでしょう。越冬のみを考えれば、気候の安定した熱帯まで渡っていくのがよいのですが、「渡り」そのものに危険が伴う上に、繁殖場所に到着した後でよいなわばりを探して確保するのにも時間がかかります。

その場で越冬していれば、他のオスが渡って来る前によいなわばりを確保しておき、すぐ繁殖に入ることができます。オス間での闘争に強いオスはともかく、そうでないオスにとって、繁殖場所でそのまま冬を越すというのは案外よい選択なのかもしれません。

「ツバメが留鳥化するなんてそんなバカな」と思うかもしれませんが、実際、エジプトなど一部のツバメの亜種は留鳥として繁殖場所にとどまっていることが知られていますし、アルゼンチンでは逆に、越冬場所でそのまま繁殖をするようになったツバメもいます（第5章の図5－1を参照）。渡り鳥になるか留鳥になるかは、種内でも地域によって違いますし、地域内でも各自の状況に応じて変わることでしょう。今後、各地のツバメが地球規模での環境変化によってどうなっていくのか、目が離せません。

羽毛がつなぐ越冬地と繁殖地

ここまで、主にリュウキュウツバメと日本国内で越冬するツバメの話を見てきましたが、あえて長距離移動をするツバメの越冬地での様子を知りたい方もいると思います。確かに、渡りをしないツバメと渡りをするツバメが越冬期に全く同じ生活をしているとは限らないので、確実に渡りをするツバメの冬の生活も気になるところです。

前述の通り、熱帯・亜熱帯での実地調査は難しく、あまり研究が進んでいないのが現状ですが、現在ではそのような場合にも越冬地でのツバメのことを知る奥の手があります。それは「換羽を利用する」という手です。第1章でも紹介しましたが、ツバメは秋の渡りごろから越冬期にかけて、長い時間をかけてゆっくり換羽します。

換羽をするためには、古い羽毛を一度落とし、新しい羽毛が生えてくるのを待つ必要があるので、一時的に飛翔能力が低下してしまいます。ツバメのように空中生活に特化した鳥では、なるべくその影響が少なくなるように、全身の羽毛を順番に少しずつ換羽するため時間がかかってしまうのです。逆に、あまり飛翔を重視しないカモの仲間などには、一時的に飛べなくなってでも一気に換羽するものがいます。

結果として、長期に及ぶこの換羽を利用して、越冬場所で生えた羽毛を綿密に調べることで、越冬期の様子がおぼろげながら見えてくることになります。

その代表的な例が、羽毛に取り込まれた安定同位体を使う方法です。水素や炭素、窒素といった元素は自然状態で安定同位体といって重さの微妙

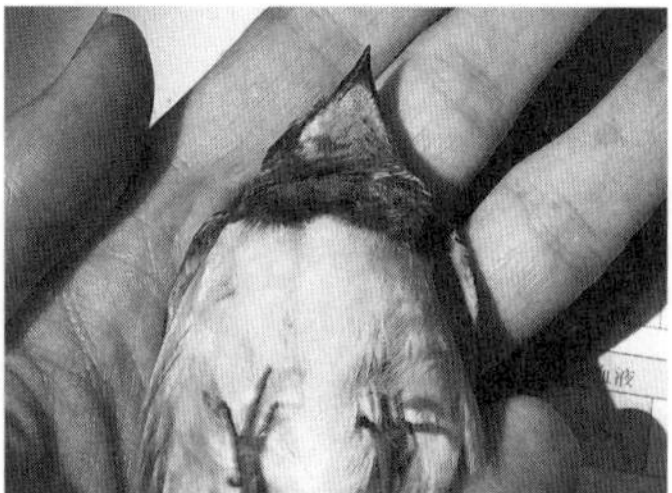

図7-6 越冬期に喉の羽毛を換羽中のツバメ。幼鳥は喉色が薄いので、成鳥の羽が生えてくると、換羽中はこのようにまだらな状態になる。

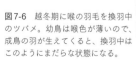

に違う複数の種類が混じっており（図7－7）、その構成比を調べることで、緯度や植生の違いなどが分かります。

元素の同位体という概念は、高校の化学の授業でさらっと触れられる程度で、日常生活でもあまり馴染みのないものかもしれません。しかし、商業利用として天然水や食品の産地を調べるのに使われていたり、美術品の真贋《しんがん》を調べるのに使われることもあるそうなので、私たちも知らず知らずのうちに恩恵にあずかっています（有名な例としては、ウナギが養殖なのか天然なのか、どういう餌を食べたかなどが分かることが知られています）。同様に、安定同位体の比率の違いを使うことで、羽毛生産中にツバメがどのような場所にいて、どういう餌をとっていたかが分かることになります。

たとえばヨーロッパでは、炭素の安定同位体の違いを調べ、形態や繁殖の情報と合わせて用いることで、同じ場所で繁殖するツバメでも、越冬場所ごとに見た目や繁殖回数、ヒナの質などが異なることが報告されています。

アメリカで行われた研究では、水素の安定同位体を使うことで、

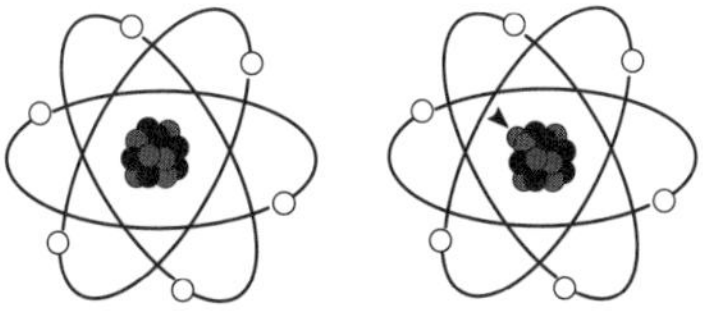

図7-7　炭素の2つの安定同位体。普通の炭素（C12:左）は陽子（黒丸）と中性子（グレー）を6個ずつもち、周りを6つの電子（白丸）が回っている。重い炭素（C13:右）は中性子が1つ多く（矢印）、重い。安定同位体の重さが違うことを利用して、物質の組成（安定同位体比）を調べることができる。

ツバメは体の羽毛を換羽したときにいた場所が南であればあるほど、羽毛が赤くなることが明らかになっています。

　羽毛から得られるこれらの情報を使うことで、実際の現地の様子を間接的に調べて、その影響を解き明かすことができます。

　これらの調査だけで具体的な越冬位置まで絞るのはなかなか難しいですが、近年ではジオロケーターというおよその位置を記録する装置を組み合わせて使うことで、越冬地の具体的な位置まで環境と同時におさえてしまおうという研究も進んでいます。ジオロケーターを使えば、渡りのおよその経路も明らかにできます（図7－8）。

　羽毛に含まれている情報は、どこで何を食べたかということだけではありません。羽毛はよく見ると、木の年輪のようにシマシマになっています。木の年輪は、幹が春から夏にかけて大きく成長し、その後成長が収まることで形成され、木が毎年どれくらいの成長を遂げているかを明かしてくれます（バームクーヘンでいう色が薄く幅の広い部分が、春・夏の成長分に当たります）。羽毛のシマシマもこれと似ています。羽毛は昼と夜で成長の仕方が異なるので、昼・

図7-8　ジオロケーターを背負ったツバメ。左はMatyjasiak et al. (2016) J Ornitholより抜粋。右はMatyjasiak博士のご厚意によりお借りできたもので、羽毛をかき分けて、ジオロケーターを露出させたもの。（© Piotr Matyjasiak）

夜・昼・夜・昼・夜という感じで、シマシマが形成されるのです。

これを利用すれば、換羽を行っている時期にツバメが1日どれくらい羽毛を成長させたか調べることができます。これを専門用語で「成長線」と呼びますが、木の年輪と同じく、栄養状態がよいほどシマが太くなるので、シマの太さを調べることで換羽時の栄養状態がざっくりと分かるわけです（図7－9）。

たとえば、ツバメは尾羽の成長線が太いほど（つまり冬季の栄養状態がよく、1日当たりの羽毛成長量が多いほど）、尾羽の白斑が大きくなることが知られています。逆に言えば、白斑が大きいツバメは冬の間良好な栄養状態で過ごしていたと（越冬時の様子を見なくても）分かることになります。年輪も成長線も本来見られることを考慮して形成されるものではありませんが、こうした特徴を利用することで、各個体の冬の状況とその繁殖への影響について知ることができます。

白斑と成長線の関係からピンときた方もいるでしょう。渡り鳥のツバメは越冬期と繁殖期で全く違う場所にいて、取り巻く環境も違うのですが、両者はリンクしています。繁殖期で使われる白斑が越冬期に形成され、越

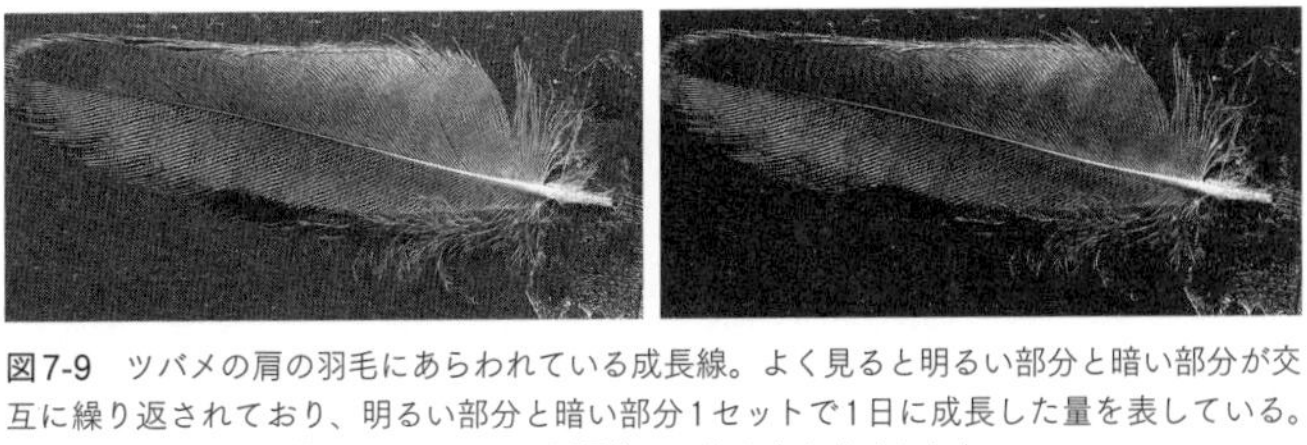

図7-9　ツバメの肩の羽毛にあらわれている成長線。よく見ると明るい部分と暗い部分が交互に繰り返されており、明るい部分と暗い部分1セットで1日に成長した量を表している。右の画像は左の元画像のコントラストを調節して分かりやすくしたもの。

冬中の栄養状態に左右されるということは、繁殖期だけに的を絞るのではなく、越冬期も良好な状態を維持していないと子孫繁栄が難しくなるということです。

羽毛の色にしてもそうです。換羽時に南方まで渡ってきていないと十分赤い羽毛を準備できないのなら、繁殖が終わった後にゆっくり気ままに渡りをして好きなところに留まるというより、換羽までになるべく遠くまで南下していないといけないのかもしれません。魅力的な特徴を誇示するためには、一年中気が抜けないのです。また、一緒にいないときの様子が分かるからこそ、メスはこれらの特徴に着目するのかもしれません。

ツバメを含めて、鳥類では繁殖期のがんばりがその後の換羽に影響することも分かっていて、繁殖をがんばりすぎると以降の生存率が下がったり、換羽の質が下がるという報告もあります。繁殖期から越冬期、越冬期から繁殖期、いずれもが相互に関連し合っていることになります。

近年では、羽毛中に蓄積された微量のホルモンなどを測定することで、換羽時のストレスレベルを測れることも分かってきています。今後この技術がますます発展し、越冬期と繁殖期の関わりが明示されていくと期待されています。

現地で明かされた冬のツバメ

前節で見たように、わざわざ越冬地に行かなくても、羽毛を綿密に調べることで、繁殖地に居ながらにして越冬地の様子を知ることは可能です。むしろ、この情報をうまく活用することで、両方の環境や情報、その相互作用について知ることができるため、実際に現地に行くよりも、渡り鳥としてのツバメの性質を明らかにできる場合もあります。

しかし、野生動物を研究する上での基本でもありますが、実地調査でしか見えないものもたくさんあります。冒頭のリュウキュウツバメの例やツバメの留鳥化の話は、そうした例の1つにすぎません。

本章の最後に、越冬地で直接調べたからこそ見えてきた、冬のツバメの生活をいくつか紹介します。前述のように、越冬期の研究が少なく、繁殖期の研究のように体系だったものとは言えませんが、それでも、冬のツバメの生活の片鱗が見えてくるのは間違いないと思います。

まず紹介するのは、ツバメが越冬地で種子散布しているという興味深い報告です。オーストラリア原産のアカシアの一種（図7-10）がアフリカにもち込まれてから、なぜかその分布を急速に拡大して在来種の脅威となっているのですが、よくよく調べてみると、その原因の一端をツバメが担っていたという話です。

越冬中のツバメをよく観察すると、およそ80%のツバメがこの実を食べており、その広い行動範囲と渡りによって種子を広域に撒き散らし、分布拡大に貢献してしまったようなのです。他にもこの実を食べる鳥はいるので、ツバメだけが原因というわけではありません。しかし、繁殖期には飛翔昆虫を主食とするツバメが越冬期には果実も食しており、種子散布に貢献していた、というのは驚きです。

この実がたまたま好みに合うのか、（在来の）別の植物も食しているのかはよく分かりませんが、実際に越冬地で調査することで、繁殖地の様子からは想像がつかないツバメの新たな一面が明らかになった分かりやすい例だと思います。

ツバメの仲間は虫しか食べないというわけではなく、ミドリツバメ（図7-11）という木の実をよく食べる種も知られています。ツバメの仲間に

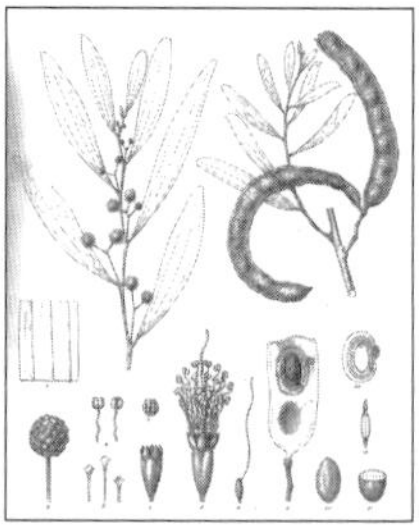

図7-10　ツバメが種子散布するアカシアの一種（*Acacia cyclops*）。Mueller (1888) Iconography of Australian species of Acacia and cognate generaより。

比較的近縁なグループであるヒヨドリの仲間も、繁殖期には昆虫をよく食べますが、他の時期には果実をよく食べるので、ある程度共通した特徴があるのかもしれません。ツバメの消化能力や餌の認知がどうなっているかなど、いろいろと気になる話題です。

また、越冬地のツバメの目撃報告を丹念に調べることによって、近年報告されている繁殖地での飛来日の前倒しが、実のところ越冬地での行動(出立を早めていること)によることを確認した研究もあります。この研究は越冬地と繁殖地をつなぐ研究になっており、繁殖地の行動データだけでは分からなかったことを明らかにしています。

前述のジオロケーターなどを使えば、現在の渡りのパターンを知ることができますが、機器が開発される前の情報は知りようがありませんし、高価な機器を使う機会は限られているので、「莫大な統計情報に基づく重厚なデータ」というのはなかなか得られません。地道で丹念な実地調査だけが、他の何物にも代えがたい貴重な情報をもたらしてくれます。

他にも越冬地の広域で調べたところ、越冬場所が徐々に北上していると いう報告など、越冬地でのツバメの生活が徐々に明らかになってきていま

図7-11　ミドリツバメ。アメリカ・ケネディ国際空港の近くにセイヨウヤマモモの木が植えられた際、ミドリツバメが大群で押し寄せたために運航困難になり、木を空港から離れた場所に移植したという逸話もある。巣箱に入ることでも知られる。図はAudubon JJ (1827-1830) The birds of Americaより一部拡大。

す。これまでのような繁殖地だけの情報しかない中途半端な状態から抜け出せる日も、そう遠くないかもしれません。

本章では、越冬期のツバメの生活に焦点を当てました。これまでに紹介した繁殖地での生活と合わせて、恋や子育て、ヒトとの関わり、生死まで、ツバメについて分かっていることをざっくり一通りお伝えしてきたことになります。ひょっとすると知りたくなかったこともあったかもしれませんが、そういった面も含めて理解を深めることで距離を縮め、名実ともにツバメを身近な存在に感じてもらえたらうれしい限りです。

いよいよ次が最後の章ですが、最後はそんな「身近な」ツバメの未来についてて扱っていきます。

第8章

ツバメのこれから

絶滅リスク

「歴史は繰り返される」と言いますが、実際ツバメやアマツバメの仲間がよく似た採餌環境に適応することで、同じような形態や行動、生理的な特性を持つに至ったことは、既に第2章で述べた通りです。このことは、生物の進む方向が決まれば、彼らが取りうる未来もある程度予測できることを意味しています。

これまでの章では、ツバメがどういった生物で、どういう進化をしてきたかを紹介しましたが、本章ではツバメが今後どういった未来を迎えるのかを、近縁種の状況やツバメ自身のこれまでの挙動（動態）をもとに、ざっくりと予想していきたいと思います。

あくまで「予想」に過ぎないので、天気予報と一緒で当たらないこともあります。でも、雨の予報で傘を準備できるのと同じで、予想があれば、それを見越して行動することができるというものです（予想が外れて傘が荷物になっても、ずぶ濡れになるよりマシでしょう）。

ある生物の未来を考えるとき、まず一番に気になることは、その生物が今後も変わらず見られるのか、あるいは一羽残らず死んで「絶滅」してしまうのか、ということでしょう。環境省のレッドリストでも、国際自然保護連合のレッドリストでも、日本で繁殖するツバメの仲間（ツバメ、リュウキュウツバメ、イワツバメ、コシアカツバメ、ショウドウツバメ＝第1章参照）は2019年11月現在、どの種も「絶滅が危惧される生物」には該当せず、絶滅危機にはまだ直面していません。

「現在たくさんいるのなら、今後も大丈夫だろう」と思うかもしれませんが、油断はできません。既に絶滅したニホンカワウソやニホンオオカミも、一度野生絶滅したトキも、かつては日本にたくさんいた生物です。

第6の大量絶滅期とも呼ばれる現代では、ヒトのせいで100万種を超える生物が絶滅の危機に瀕し、年間4万種は絶滅していると言われています。絶滅速度がかつての1000倍になっているという試算もあります。そこらの小川にいたメダカですら、今や絶滅危惧種になってしまったくらいなので、現在身近にいるツバメも、いつ同じ運命をたどるか分かりません（図8-1）。

今はまだ大丈夫でも、もしツバメと似たような生活をしている生物が絶

図8-1　メダカ。北日本のメダカと南日本のメダカは別種であることが分かっている。

滅しやすい傾向があるなら、ツバメ自身もそう遠くないうちに同じ運命をたどる見込みが高くなります。情報があるツバメの仲間72種のうち、現時点で絶滅リスクが高まっている種は5種（7％）に過ぎないので、ツバメの仲間全体としてはそこまで絶滅リスクが高いわけではありません。鳥類全体では14％、生物全体では27％という数値が出ているので、ツバメの仲間は比較的ましな方です。空中採餌者であることが即絶滅につながるということはなさそうです。

ただし、絶滅が危惧されている5種は総じて、オスがメスより長い燕尾を持ち、全体としても派手だという特徴があります（図8-2）。この関係を複雑な統計を使って処理すると、オスがメスより「燕尾が長い種」と「派手な種」は、そうでない種と比べて、それぞれ12倍と18倍、絶滅リスクを負いやすいと算出されます。それぞれの18％、36％の種が絶滅リスクを抱えている計算になり、鳥類全体の平均（14％）を超えています。

普通のツバメはまだ絶滅危惧種ではありません。しかし、オスがメスより派手な傾向があり、またオスの燕尾がメスより長く発達しているので、雌雄差のあまりないイワツバメなどに比べて、将来的な絶滅のリスクが高

図8-2　現在絶滅危機にあるツバメの一種、クロハリオツバメのオス。画像はSharp & Wyatt (1885-1894) A monograph of the Hirundinidae or family of swallowsより抜粋。メスは尾羽が短い。

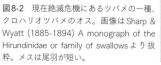

い種ということになります。あくまで全体としてのパターンから推測したものなので、精度は高くありませんが、楽観視できる状況ではありません。

実際、国際自然保護連合によれば、ツバメは地球規模で減少している鳥であり、日本でも、1970年代に比べてツバメが減少していると報告されています。私たちが経年調査している新潟県上越市でも、ツバメの繁殖密度が年を追うごとに低下していることが分かっています。体感としては、10年前に調べたときの10分の1も見られないという印象です。

街の人も同様の印象を語られることが多いので、私たちの調査手法にバイアスがあるのではなく、実際にどんどん数を減らしているのでしょう。今後、奇跡的なV字回復を遂げないとも限りませんが、このままではそう遠くない将来、「ツバメなんてその辺をひゅんひゅん飛んでいたのにね」としみじみ思う日が来るかもしれません。

ちなみに、なぜオスの燕尾が発達するほど絶滅リスクが増すかというと、オスが派手になることがタダでないためだと考えられます。メスを魅了するにせよ、同性を排斥するにせよ、派手な羽毛を誇示するには餌資源をその分だけ余計に消費しないといけません。その結果、本来の生存や子育てに当てる分が相対的に減ってしまい、ちょっとしたことで絶滅しやすくなると言われています。ヒトにたとえれば、高価なブランド品にお金をかけすぎて、日々の暮らしが立ちいかなくなるのに似ています。

特にツバメの燕尾は、第2章や第7章でも紹介した通り、採餌を行う上でコストであり、餌が少なくなってくると、燕尾を発達させた個体は生き残るのが困難になります。生存だけでなく子育ての際にもハンデが大きくなるため、配偶者の負担も上がって、環境変化に対処しにくくなると言えます（夫が役立たずだと、家族の危機に夫婦「力を合わせて」いくことができないわけですから、当然破滅しやすくなります）。本来子孫を残すために発達させた派手な羽色や燕尾（第3章参照）のせいで、子孫を残しにくくなってしまうというのは、なんとも皮肉な話です。

ツバメの数はどうやって決まるか

前述の絶滅リスクの分析は、70種以上いるツバメの仲間を全て調べ上げたとき、「どのような特徴を持つ種が絶滅に瀕しているか」に着目したものです。もちろん、ツバメの将来を予測する方法は他にもあります。分かりやすいのは、「ツバメがいつ死亡しているか」調べるというものです。

たとえばヨーロッパでは、繁殖期間中の死亡率は低く（第5章参照）、主な死亡は繁殖地を去ってから戻ってくるまでの間に起こることが、足環の確認によって分かっているので、越冬や渡りでの死亡率が上昇すると、全体としてのツバメの減少に直結すると予想できます。実際、ヨーロッパのある調査地で精力的に調べた研究によると、渡りの経由地の環境は年々悪化してツバメの生存率を低下させており、それに伴ってツバメの数が減少しているそうです。

ただ、個々のツバメが死ななくとも、次世代をしっかり残すことができなければ、当然世代を重ねるほどにツバメの数は減っていくことになるので、死亡だけでなく、繁殖（とその内訳）を考慮することもまた重要です。少子化で人口が減少している今の日本では身をもって感じられることです。

デンマークで長年調査対象になっているツバメの繁殖地では、1回目に巣立つヒナ（俗に言う「1番子」）の数が年々減少していることが分かっており、このことがツバメの減少につながっているようです。この繁殖地では2回繁殖するツバメが年々増えているので、毎年巣立つヒナの総数は変わらないのですが、実際には1回目に巣立つヒナの方が2回目に巣立つヒナ（「2番子」）よりも好適な環境で育つため、生存率も高く、次世代への貢献が大きくなるようです。この結果をもとに試算したところ、このままではこの繁殖地が壊滅し、数十年以内に地域絶滅するという予測も得られています。したがって、安易にツバメの繁殖を妨害して繁殖を遅らせると、将来世代に思わぬ大打撃を与えることになります。

ここでは、越冬期と繁殖期の影響を別々に分離できるかのように記しましたが、実際には前章で紹介したように、両者はリンクしています。

たとえば、別の研究では、越冬期の環境変動がツバメの増減を左右していることを明らかにしているのですが、よくよく調べたところ、越冬地の環境がその場の死亡率を左右するだけではなかったそうです。越冬期の環境条件がよいほど換羽や渡りが改善されて、翌年の繁殖がうまくいき、結果的に巣立つヒナの数を増やしていたためです。

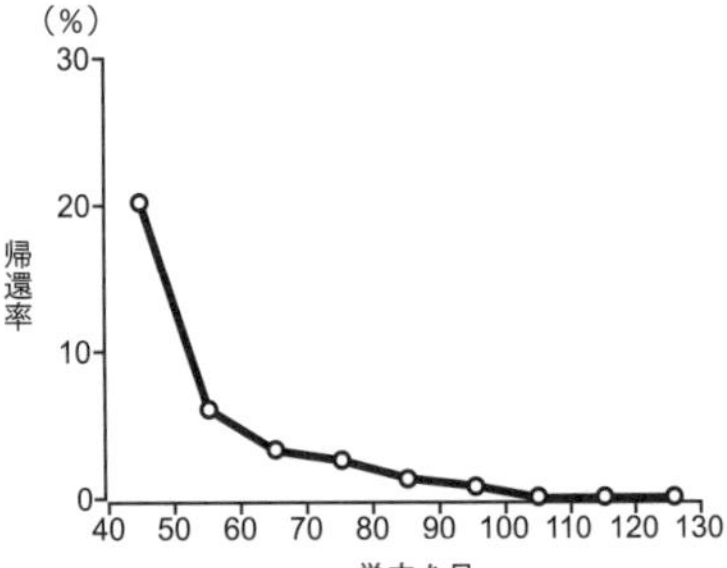

図8-3　巣立った時期が遅くなるほど、生きて調査地に帰る見込みが低くなる。横軸は5月1日を1として日数を数えた「巣立ち日」を10日ごとにまとめたもの（ここでは1回目に巣立ったヒナのみ表示）。Møller (1994) Sexual selection and the barn swallowの図を簡略化して日本語にしたもの。

越冬期のことを考慮しなければ、単に繁殖期の成績がよい年にツバメの数が増えると結論づけてしまうし、逆に繁殖期を考慮しなければ、ツバメの減少が越冬期の生存率で決まると結論づけてしまうところです。ツバメの数がどうやって決まっているか、詳細を明らかにすることで、前述のデンマークでの研究のように今後を予測したり、ツバメ増減の根本原因を絞って有効な対策を立てることが可能になります。

これらの研究はいずれもヨーロッパで行われたもので、日本の街中で繁殖するツバメにそのまま当てはまるかどうかは分かりません。日本では巣の捕食圧が高いため、全く違うパターンを示してもおかしくないのですが、残念ながらこの手の分析はまだ行われていないので、比較できないのが実情です。研究室単位で1つの調査対象生物を継続して徹底的に調べる欧米と違って、日本では学生各自が好きな生物を場当たり的に調べるので、なかなか質の高い長期データを得るのが難しく、研究が進まないという背景事情もあります。

高い捕食圧がツバメの数になんら影響しないということは考えにくいですが、アフリカで越冬するヨーロッパのツバメと違って、日本のツバメは主に東南アジアで越冬するので、そのあたりの事情も考慮する必要があります。正確な評価は、今後の研究に期待するほかありません。

地球規模で働く環境変化

もちろん各地域にはそれぞれ特有の環境条件があり、それぞれの地域でツバメの数に影響を与える要因は違うでしょう。世界各地、あるいは日本のなかでも地域によって状況は違うので、ある程度、個別の事情を考慮しなければ正確な予測は立ちません。

しかしその一方で、グローバル化の進んだ現代では、地球規模で共通の要因に左右されるのも事実です。個々の要因は1つずつ調べるしかないのですが、共通の要因があるなら、まずそのような要因の影響を評価することで、全体としてのパターンを明らかにすることができます。

ツバメは高い移動分散能力を持つので、生息環境が局所的に悪化しているのであれば「その地域を離れる」という解決策もあります。しかし、地球規模で起こっている問題は、どこへ行っても逃げることができません。漫画『風の谷のナウシカ』で描かれた、瘴気《しょうき》という有毒ガスに覆われつつある世界のように、いずれ逃げ道がなくなります。

そのような地球規模で働く問題として主要なものに、「温暖化」と「都市化」があります。

温暖化は今やよく知られた環境問題であり、ニュースでもよく出てくるので、聞き覚えのある方も多いと思います。いまだに「温暖化など進んでいない」と言い張る人もいますが、温暖化自体が進行していることはまず間違いありません。

もう1つの都市化については、温暖化に比べるとやや知名度に劣るかもしれませんが、これも生物に大きな影響を与える要因です。ツバメのようにヒトの生活圏で繁殖する生物では、繁殖環境が変わることで直接的な影響があると想像できます。以下、それぞれについて具体的に紹介します。

温暖化

まずは温暖化です。温暖化というと、極地の氷が溶けて、極地や寒冷地の生物、たとえばホッキョクグマなどに大きな影響を与える印象がありますす。熱帯域の一部でも、気温の上昇によって生物の快適な温度域から外れるなど、影響が出ることは容易に想像できると思います。最近では2019年2月に、温暖化の影響でオーストラリアのネズミの一種が絶滅したことが、疑いようのない事実として報告されています。

一方で、温帯域のツバメではどういったことが問題になるか、一見、分かりにくいかもしれません。「温かくなるなら、繁殖しやすくていいんじゃないか」という声も聞こえてきそうです。

実際、温暖化が進むほど有利になる側面もあります。繁殖可能期間が延長されることで、早く繁殖し、時間の余裕もできるので、2回繁殖しやすくなります。さらに、1回目と2回目の子育ての間に十分な間隔をとれるので、親としても余裕を持って繁殖できることが報告されています。

しかしその一方で、繁殖が早まってしまうことによって、餌の出現ピークとヒナの餌要求のピークが合わなくなってしまい、比較的生存率の高い1回目のヒナが減ってしまう、という悪影響も報告されています。日本でも同様の報告がなされており、欧州ではこれによって地域集団が滅亡の危機を迎える試算があることは、既に記した通りです。

第7章で紹介したように、非繁殖期でも、越冬地が北上するなどのさまざまな影響が出ていることが知られています。越冬地の北上については、温暖な気候により繁殖期が前倒しになっていることへの対処のようで、早く渡るために、実際にはあまり採餌に適していない環境での越冬を強いられていると言います。これが、ツバメの数が減る原因の1つとなっているようです。

また、生活の仕方が丸々変わってしまい、状況次第で渡りをやめて留鳥化することが知られています。結果として、（少なくとも一時的には）急な餌不足などに影響を受けやすく、集団が壊滅しやすい状態になります。

温暖化といって普通イメージするのは「気温が上がる」ということかもしれませんが、実際には平均気温の上昇は気温の変動を伴います。異常気象という名のもとに、近年やたら寒かったり、暑かったりすることを肌で感じている方もいるでしょう（図8－4）。第7章で説明した100年に1度の厳冬も、温暖化の影響を拭い去れません。

生物はゆっくりとした変化なら比較的うまく対応できるのですが、急激な変化には対応しがたく、大量死や地域絶滅、究極的にはその種に属する全ての個体が死んでしまい、絶滅する恐れもあります。実際、飛翔昆虫を

図8-4　暑くて口を半開きにしてあえいでいるツバメの親子。

餌とするツバメは気象変動に弱く、地域絶滅などの例は多く知られています。今後温暖化が進み、変動が激しくなれば、絶滅を余儀なくされるツバメの仲間も出てくるでしょう。

さらに、温暖化は気温の変化だけでなく、風速の変化などさまざまな気象要因と連動してツバメに影響します。たとえば、時期によっては温暖化に伴って風が弱まることで、空中採餌者であるツバメの採餌効率が増し、子育てに有利となって親の生存率が上昇するという報告もあります。

個々の要因について見れば、このようなプラスの側面もあります。しかし、ヨーロッパのツバメの数が全体として減少し、またこの減少が繁殖地の温暖化によるとされることから、温暖化は総じてツバメにマイナスの効果をもたらすと見ることができます。このまま温暖化が進めば、少なくとも短期的には、さらにツバメの減少を招くと予想できます。

都市化

「都市化」も温暖化同様、地球規模で進む環境変化で、もともとのどかな風景が広がっていた場所が、どんどん都市に変わっていく現象です。都市になれば、そこに住むヒトはおおむね便利な生活ができるため、都市化の波は各地で積極的に受け入れられ、地球上を急速に埋め尽くしていきます。少なくとも一時的にはヒトの暮らしを豊かにするものなので、温暖化に比べて追及があまくなりがちです。でも実際は、徹底的な環境改変によって他の多くの生物を当該地域から締め出してしまう大問題です。

「都市にもスズメやカラスはいるじゃないか」と言われそうですが、逆にスズメやカラス、その他数えるほどの種類しかいないとも言えます。これらは例外的に都市にうまく順応できた生物であり、その他の多くの生物は都市生活に順応できず暮らしていけません。鳥類では、比較的脳が大きく「かしこい」種でないと都市でやっていけない、という話もあります。

結果として、多種多様な種が分布していたもとの環境とは違って、都市は限られた種が大量にいる状態となっており、このことがさらに都市を異質な空間にしています。

ツバメに関しては、都市でも見かけるので何の問題もないだろう、と予想される方もいるかもしれません。私自身、神奈川県横須賀市という結構な都会でツバメの調査をしていたことがありますから、都市でもツバメが繁殖できることは確認済みです。

では、何が問題になるかというと、都市の特異な環境がツバメの日々の暮らしを圧迫することです。都市ではカラスが多いためにツバメの捕食圧が上がるだけでなく、人口密度が高いことで、（意図的かどうかにかかわらず）ヒトによるツバメの巣の破壊や繁殖の妨害も深刻な被害をもたらします。

「巣を壊せばどこかに行ってくれるだろう」と安易に考えている節もありますが、短命な渡り鳥であるツバメは、限られた時間を有効に使って繁殖を行っています。繁殖を妨害すればそれだけ貴重な機会が失われ、子孫を残せなくなって家系が途絶えるツバメが出てきてしまいます。一族根絶やしにしているのと同じことです。

クリーン過ぎる、うるさ過ぎる

捕食者が増えるのとは逆に、都市では餌不足も深刻な問題です。簡単に言えば、都市とは「建造物に覆われた地域」ということになるので、必然的にもともとの生態系が損なわれ、ツバメの餌となるべき飛翔昆虫が少なくなります。

さらに、都市では「クリーン」であることがもてはやされ、少しでも虫がわかないように工夫されます。殺虫剤が散布され、虫の発生源となる生ゴミや堆肥などが排除され、水域の埋め立てなども行われています。ツバメにとって好ましい飛翔昆虫が減ることで、自分自身の餌が不足するのはもちろん、次世代が育たないという、より切迫した問題を抱えることになります。

都市のツバメはヒナへの給餌頻度が少ないだけでなく、ヒナの体重も軽く、巣立ちまでに時間がかかり、巣立ちできるヒナの数も減っていることが報告されています。ただでさえ捕食が多くて巣立ちにくいのに、これではたまったものではありません。都市域ではツバメが夜に街灯に集まる昆虫を食べていることもありますが、餌環境の悪化を少しでも改善するための苦渋の選択なのかもしれません。

衛生環境を重視するあまり、近年ではツバメの巣自体を意図的に除去する動きもあります。２００６年には、「巣が汚い」と客から苦情を受けたホテルが、敷地内で繁殖中だったイワツバメの巣を片っ端から撤去するという事件がありました（漫画『北斗の拳』の終末世界で弱者に鞭打つ悪者をイメージさせる出来事ですが、現代日本の実話です）。遺棄されたヒナの数は40羽以上とのことで、数が多かったために全国に知れわたりましたが、同じようなことは都市域で日常的に起きています。

ホテルの事件の犠牲者はイワツバメでしたが、普通のツバメもこのようなこととなかれ主義の犠牲になっており、最近では店舗やコンビニ、集合住宅などに作られた巣は、クレーム対策としてよく撤去されています（なお、当然のことながら野生動物の採取・殺傷は鳥獣保護管理法で禁じられており、前述のホテルの支配人と関係者も書類送検されています）。

従来の伝統的な木造住宅から建材も工法も変わって、ただでさえ巣をかけづらい状況になっているのに、やっと見つけたマイホームでこのような仕打ちにあうなど、ツバメにしてみれば全力で都市から排除されているとしか思えないでしょう。実際、大都市ではツバメがあまり見られません。

かつては、家の新築を祝う「燕雀《えんじゃく》相賀《そうが》」という言葉がありました。軒下に巣を作る鳥たちも、家の完成を一緒に祝うという意味です。しかし、ともに生きるべきこれらの鳥をシャットアウトして迫害している現代の都市社会では、ふさわしくない表現になりつつあります。ヒトの「平等」や「多様性」を認める一方、自分たち以外の生物を一切認めない狂気の世界に向かおうとしているのかもしれません（もちろん現時点では、都市でもツバメに友好的な人の方が多数派ですが……）。

そこまでして潔癖な環境を推進する都市ですが、一方でとてもうるさい環境でもあります。車のエンジン音、走行音、街宣車、街頭演説など、とにかく都市は喧騒に満ちています（図8-5）。「都市暮らしだが騒音など気にならない」という人は、試しに田舎へ旅行に行ってみてください。「なんて静かなんだろう」と驚くと思います。

鳥類、特にツバメのような音声コミュニケーションを多用する生物にとって、都市の騒音は望ましくありません。せっかくメスに向けて求愛のさえずりを歌っていても騒音にかき消されるし、オス間でのなわばりの主張も聞こえません。ヒナが親に餌をねだろうにも、車などにかき消されて、至近距離でもよく聞こえません。実際、ツバメの仲間でも、騒音下ではヒナの餌ねだりに親が反応できなくなっていることが知られています。

それから、ツバメはただでさえ聞きづらい「じーじー」という声でメス

図8-5　神奈川県横須賀市の調査地の様子。車通りが多く、とてもうるさい。

を誘引します。この声は騒音にかき消されやすく、ＩＣレコーダーで録音しようとしてもなかなかうまくいきません（図８－６）。私自身、横須賀でこの声を録音しようとマイクをかまえた途端、トラックやバイクが爆音でやってきて、騒音以外何も記録できていないということが日常茶飯事でした。

オスは懸命にじーじー声を出してプロポーズしているのに、メスがその場所を定位できず、ペアになる機会を逃すこともあります。アニメやドラマでは、プロポーズが騒音にかき消されるのがお約束ですが、野生動物にとってこれは致命的です。

もちろん対抗策がないわけではありません。都市域の鳥の多くは、車の重低音に影響されにくい高く大きな声を発することで、騒音の影響を緩和していることが分かっています。しかし、対策にも限度があります。自分の音域を超える声は出せませんし、どんな音声でも騒音が大きいと何も聞こえません。

同種間の音声コミュニケーションならばある程度対策も取れますが、騒音でかき消されるのは同種の声だけではありません。本

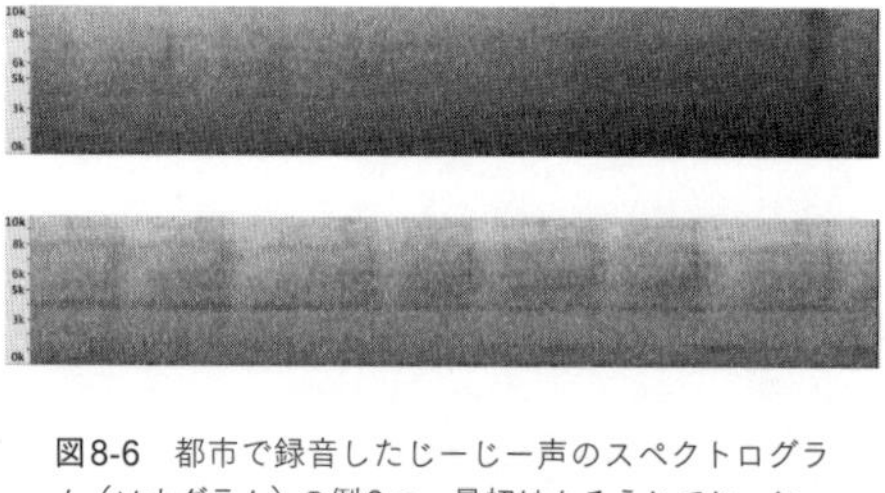

図8-6　都市で録音したじーじー声のスペクトログラム（ソナグラム）の例2つ。最初はかろうじてじーじー声の波形が見えるが、後半に大型車両が近づくと騒音でツバメの声がかき消されている（上）。同じ場所でもタイミングがよければしっかり声が判別できる（下）。

来聞かなければならない外界の音全てが影響されます。たとえば、夜に寝ているツバメに近づいていっても、騒音でかき消されるのか、こちらの足音に気づかずにぐっすり寝ていることが多いので、親鳥の捕食リスクも上がっているように思います。

控えめに言っても都市環境はツバメにとって害悪であり、今後拡大する都市化がツバメを減らすことになるのは間違いないでしょう。

未来のツバメ像

ここまでツバメの数のみに着目してきましたが、時代とともに変わるのは数だけではありません。一羽一羽の見た目や性質も、時代とともに変わります。

たとえば、アメリカに生息するツバメの仲間「サンショクツバメ」（図8-7）では、計測を始めた1980年代から、世代を追うごとに翼の長さがどんどん短くなってきていることが分かっています。なぜこのように進化したのかいろいろ調べたところ、どうやら車社会の台頭がその理由に挙げられるようです。

図8-7　サンショクツバメとその繁殖巣。画像はAudubon (1827-1838) Birds of Americaより抜粋。

サンショクツバメも普通のツバメと同じく、ときに地上に降りて餌をついたり巣材を集めたりします。ところが、あまり翼が長いと車が来ても急には飛び立てないため、車に轢かれてしまいます。そうして、翼が短いものだけが生き延びて子孫を残した結果、前述のパターンが得られたようです。日本のツバメも、繁殖期初期にはしばしば車道に降りて何かつついたりしています。街中でも制限速度を超えて走り去る車も多いので、同じような進化が進んでいるかもしれません。

進化するのは翼の長さだけではありません。ヨーロッパのツバメでは、時代とともにオスの燕尾がどんどん長く進化しているという報告があり、20年でおよそ10％長くなったことが知られています（図8－8）。ヨーロッパでは長い尾羽のオスほど子孫を多く残せるので、時代とともに尾羽が長くなるのはある程度予想通りです。

さらに、近年の温暖化によって、渡りの中継地での環境が悪化していることも、この進化に拍車をかけていると言います。つまり、中継地での環境悪化により、短い

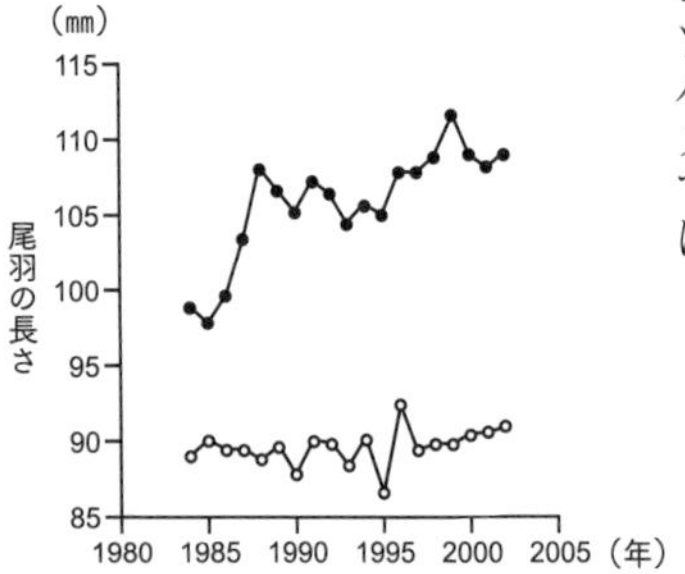

図8-8　ヨーロッパでは、温暖化でツバメのオスの尾羽がどんどん長くなってきているとの報告がある（黒丸がオス、白丸がメス：Møller & Szep 2005 J Evol Biolの図を日本語に改変）。直線はオス、メスそれぞれのトレンドを示す。

尾羽しか維持できないような質の悪い個体は淘汰され、質のよい、尾の長い個体しか生き延びられないと考えられるためです（尾の長さと質のリンクについては第6章、２０４頁のコラム参照）。実際、メスではほとんど尾羽の長さが進化していないので、尾羽の長さがもつ物理的な特性よりも、背景にある尾羽への好みや、尾羽と質のリンクが大事なようです。

第4章でも述べましたが、燕尾の長いオスは巣作りをサボる傾向があります。そのため、燕尾が長く進化するにつれ、巣の大きさは１９７０年代からどんどん小さくなっており、今ではかつての3分の1の大きさしかないことも報告されています。

もちろん、１つの特徴が進化すれば他の特徴もそれに合わせて変わっていくので、同時にいろいろな特徴が連動して変わっていくと考えるのが自然です。私たちが見逃しているだけで、もっと劇的に変わっている性質もあるかもしれません。

しかし、たかだか10年、20年でこのようにいろいろな特徴が変わってしまうのは驚きです。紀元前のツバメの壁画ですら現在と大して変わらないことを踏まえると（第6章参照）、それだけ近年の環境変化が急速に進み、生物に劇的な変化をもたらしているということなのかもしれません。かつて話題になった『アフターマン』や『フューチャー・イズ・ワイルド』*の奇想天外な未来生物予想図ではないですが、100年先にはツバメが現在の姿や性質からかけ離れた生物になっていてもおかしくありません。

これらの研究はヨーロッパのツバメを扱った研究であり、日本のツバメにこのパターンがそのまま当てはまることはないでしょう。日本では尾羽があまり重要ではないので、尾羽が同様に長く進化していったり、巣が小さくなってしまう可能性は低いと言えます（第5章参照）。

むしろ、都市化の項目で紹介したように、捕食者が増える、繁殖可能な場所が減る、複数回繁殖の機会が増すなどして、巣場所の良し悪しの差が広がれば、ますます羽毛の赤さが重要になり、アメリカの亜種のような赤いツバメに近づくだろうと予想することもできます。

ただ前述の通り、自然選択はさまざまな特徴に同時に作用し、1つの特徴だけ見ていては理解できないような複雑な進化をもたらしますので、今後の環境変化は予想外の進化をもたらすかもしれません。ツバメが今後どのような進化をとげるのか、興味深いところです。

＊『アフターマン』と『フューチャー・イズ・ワイルド』 いずれもヒトが死に絶えた後に進化するであろう（空想上の）生物を描いた書籍。

ゲノム情報としてのツバメ

他の生物がいくら絶滅しようが、ヒトの人口増加による温暖化と都市の拡大は、今後止めようがなく加速度的に進行することでしょう。であれば、同じく凄まじい勢いで日々進歩するヒトの技術を使って、ヒトの生み出した負の効果をなんとかできないものかと考えたくなります。

２００３年にヒトのゲノムが全て読まれたというニュースがありましたが、その後、他の生物のゲノムを全て読むプロジェクトが進んでいます。このプロジェクトの一環として、２０１８年にはツバメもその全ゲノムが解読され、公開されています（図8-9）。

このようなニュースを聞くと、「ツバメのゲノム情報は、既に入手済みなのか。じゃあ、絶滅したら、そのときまた復活させればいいじゃないか」という意見も出てくるでしょう（実際、マンモスを復活させようというプロジェクトもあるくらいです）。あるいは、現在の動物園や博物館のように、各生物のゲノムを集めて1カ所においておけばそれでよい、という意見もあるかもしれません。ですが、このアイデアは間違いです。

```
CCCAAAAAACTGCCAAAAATCCACAAAAAAATCCACTTAAAAATCCCCAA
AATTCACAAAAAAATCGCCAAAAAATCCAATTAAAAATCCCCAAAATTCA
CCAAAAAATCGCCAAAAAACCCAATTAAAATCCCCAAAATTCACCAAAAA
AATCGCCAAAAAACTGCCAAAATCCACTAAAAAATCCCCAAAATTCAGCA
AAAAACTGCCAAAAAATCACAAAAAAACCACTTAAAAATCCCCCATAAC
CACCAAAAATCCCCAAAAAGCCACCAAAAATCCACTGAAAAAAAACCAAA
ATTCACCAAAAAACACACCAAAAAATCCACTTAAAAAATCCCAAAAATAC
```

図8-9　ツバメゲノムの一部（Formenti et al.〈2018〉A high quality draft genome assembly of the barn swallow〈*H. rustica rustica*〉. UniProtKB/TrEMBLより最初の350塩基分を転載）。Aはアデニン、Gはグアニン、Cはシトシン、Tはチミンを表す。

確かにゲノムから得られる情報は半端なものではなく、そこから生物の理解が大幅に進むことは疑いようがありません。ヒトのゲノムが解読されて今日までさまざまなことが明らかになってきたように、ツバメについても今後膨大な知見が得られていくはずです（ゲノミクスを使った研究の例は第4章、140頁のコラムをご覧ください）。

しかし、ゲノムで生物全てを知った気になるのは問題です。ヒトに置き換えてみると分かりやすいでしょう。ヒトの全ゲノムが読まれているから、もう各個人は存在していなくてもいいと言われて、「はいそうですか」と納得する人はいないと思います。

ゲノムは確かに生物の遺伝的な設計図について教えてくれますが、各個体の特徴までは含まれません。生物の進化はこの各個体の違いを通じてもたらされたもので、個体差があるからこそ、これまでの環境変動に対処してこられたのです。したがって、ツバメの個体差が失われると、ツバメという生物は永久に失われることになります。

それに、遺伝情報以外の情報はゲノムには刻まれません。ヒトの文化や考え方がゲノムに反映されないように、ツバメがこれまでに培ってきた経験や地域文化も失われてしまいます。

生物の数が少なくなったらクローン技術で増やせばよいという意見も、同様の理由で好ましくありません。クローン人間が出てくる小説や映画をご覧になれば、これらの技術への警鐘をいくらでも見つけることができます。ゲノムでもクローンでも、新しい技術はつい使いたくなりますが、過信は禁物です。

ツバメのこれからについては、温暖化と都市化が加速度的に進んでいる現状を見ると、なかなか厳しいものがあります。少なくとも短期的には、ツバメはどんどん数を減らしていくと予想できます。しかし、こうした従来式の「数」の予測は、対象生物の進化を考慮していません。

既に述べたように、ツバメは他種の生物と同様、自然環境と社会環境に応じて進化し、その形態や性質を劇的に変えていきます。第7章で登場したガラパゴスフィンチでは、環境自体の変化より、むしろフィンチの形態進化がその数に強く影響しているという報告もあります。ツバメで進化と数の相互作用を直接調べた研究はまだありませんが、今後絶滅するかどうかは、自分を取り巻く環境のなかでツバメ自身がどう変わっていくかによるでしょう。

もちろん、これは環境の変化が比較的緩やかな場合に限ります。環境の変化があまりに急激だと、ツバメは進化的に対処することができず、絶滅に向かうことになります。私たちに今できることは、わずかでも状況が緩和するように心がけ、彼らが（進化的に）対処する時間を稼ぐことくらいでしょう。ヒトの負の影響を完全に取り除くことはできなくとも、苦境に立ち向かう彼らをほんの少し助けることはできます。

ツバメの集団全体にとって温暖化対策や騒音対策が有効だということは分かったとしても、同時に「個々のツバメとどう付き合っていけばよいのか」という点が気になる方もいると思います。とにかく目の前にいるツバメを幸せにしたいという意見ももっともですし、各自がそのような行動をとることが、結果としてツバメ全体のためにもなります。

巻末にはおまけとして、ツバメとの具体的な関わり方について簡単に記しました。今後の素敵なお付き合いに役立てていただけると幸いです。

おまけ

ツバメとともに生きる

ツバメを招き入れる

ツバメの研究をしていると、「ツバメが家に来るようにしたい」、あるいは逆に「ツバメが来ないようにしたい」、「せっかく育ったツバメのヒナがカラスに食べられてしまって切ない」という相談を受けることがよくあります。その対処法を知るために本書を手に取られた、という方もいらっしゃるかもしれません。

そこで、ここではツバメにとっての好ましい環境作りについて紹介したいと思います。ただ、私の専門である行動や進化といった領域からは少々外れてしまうため、必ずしも科学的な裏付けがない場合や、私の個人的な印象にすぎない場合もあります。あくまで「参考」程度にとどめていただけると幸いです。

まず、ツバメが家に来るようにするにはどうしたらよいかですが、そのヒントは、「ツバメが来る家は商売繁盛する」ということわざにあるように思います。商売をしている方はよくご存じで、ツバメが来ると実際によいことがあるのだと教えていただくこともあります。「迷信だ」と決めつける人もいるかもしれませんが、私はそうは思いません。統計は取っていませんが、ツバメが来ることと商売がうまくいくことの間には、何か関係があるのではないかと考えています。

普通のツバメは人通りの多い場所を好むので、商店など、人がよく出入りする家屋にはツバメがよく繁殖します。結果として、ツバメが来ることと商売繁盛との間に正の関係が生まれることは想像できます。ただし、このような正の関係はあくまで「平均的に見れば」という前提がつき、ツバメが来ているから必ず商売が繁盛する、あるいはツバメが来ないから商売が廃れる、ということではないことに注意する必要があります。

では、そもそもツバメはなぜ人の出入りの多い家に来るのかというと、ツバメが繁殖戦略の1つとしてそのような行動をとっているからではないか、と私は考えています。

つまり、カラスなど捕食者の存在に悩まされるツバメは、あえて人がひんぱんに出入りしている場所に繁殖することで、少しでも捕食者の接近を防ぎ、子が食われるリスクを下げている、という考え方です。人が見ていない間に捕食されることもあるので、完璧な予防策とは言えませんが、それでも、ツバメにとってヒトが門番、あるいは番犬のような形で機能していることは十分あり得ることです。

「そんなバカな」とお考えでしょうか。はるか昔、ヒトはオオカミを「番犬」にしましたが*、鳥ごときにそんなに高尚なことができるわけないだろう、というのも1つの意見です。

しかし、鳥の仲間でも他種をこのような目的に使うことは実際に報告されており、日本のオナガ（**図1**）という鳥では、卵やヒナがカラスに襲われないように、猛禽の巣の近くで繁殖することが知られています（オナガはわりと街中にもいる尾の長い鳥なので、興味ある方は探してみてください）。猛禽の近くで繁殖すれば、いかにカラスと言えど、そう好き勝手はできないというわけです。

同じようにツバメも、ヒトがひんぱんに出入りする場所で繁殖することにより、捕食被害を少しでも減らしていることは十分考えられます。なぜ普通のツバメがヒトの近くで繁殖するのか、またなぜ他のツバメの仲間がそれに続かなかったのか、正確なところは分かりませんが、自分の何倍も

＊オオカミの家畜化　オオカミが家畜化されてイヌになったとされる。

図1　オナガ。猛禽の巣の近くに営巣することで、カラスの被害を避けることが知られる。その名の通り、尾が長い。

大きな敵が現れたときに、たまたまヒトの近くで繁殖して難を逃れて子孫を残すことで、そうした行動が脈々と受け継がれてきた、という経緯があったのかもしれません。「敵の敵は味方」というわけで、少年漫画や怪獣映画にも出てきそうな興味深い展開です。

話が少し脱線してしまいましたが、ツバメがひんぱんな人の出入りを好むなら、そのような環境を用意することで、ツバメの繁殖を促すことができると考えられます。実際、これまでの調査地でも、一般住宅よりも商店、なぜか理髪店・美容院にツバメがよく来ていたように思います。

ツバメがヒトを番犬として使っているなら、ヒトの出入りに加えて、なかの店員やお客さんの動きがよく見えることが、ひょっとするとツバメを誘引しているのかもしれません。ずっと使っていないガレージにツバメが巣をかけることもあるので、ヒトの出入りがツバメの繁殖に絶対不可欠というわけではないのですが、それでもヒトの生活圏から遠ざかるよりむしろ近づいていくのは、ツバメの顕著な特徴だと思います。

ツバメはミニマリスト

ツバメはヒトの近くで繁殖しますが、同じような民家が並んでいて同じような人の出入りでも、ツバメが来る家と来ない家があります。その理由の1つに、ツバメがあまり複雑な環境を好まないことが挙げられます。今風に言えば、「ミニマリスト」とでも言うのかもしれません。

いろいろなものがごちゃごちゃあるよりも、必要最小限のものしかない空間を用意すれば、ツバメは快適な場所と見なして来てくれるかもしれません。特に、巣をかける位置やその上方の空間が雑然としていると、ツバメは嫌がるようです。

また、ツバメが繁殖している家の前は、庭木や街路樹などが少なく、見通しのよい場合が多いようです。第2章でご紹介したように、ツバメの飛翔性能はピカイチなので、ツバメを迎えるには、この飛翔性能をいかんなく発揮できる、死角のないこざっぱりした空間を意識するとよいかもしれません。

巣台とフン受け

「よかれと思っていろいろと巣の周りを改造した結果、ツバメが来なくなった」という話を聞くこともあります。代表的なのは「ツバメの巣の下に台を作ったところ、次の年からツバメが来なくなった」という話です。

不安定で危うい状況のたとえに「燕巣幕上《えんそうばくじょう》」という四字熟語があるように、ツバメは見ているこっちが不安になるような場所に巣をかけることがあります。なんとかしてあげたいと思うのが人の情ですが、ついやりすぎてしまうのも人の常です。

これから巣の下に台（巣台）を作ることを検討している方もいると思うので、どういう台がよいか、少しここで紹介しましょう。

まず、元も子もない話ですが、台を着けずに済むなら、それに越したことはないと思います。ヒトが巣の近くで長時間うろうろすると、ツバメも気になるものです。そのままでなんとかなりそうなら、台など設置せずに放っておくべきでしょう。人のアシストなどなくても、たいていはツバメ自身でなんとかするものです。

でも、諸事情により、どうしても台をつける必要に迫られる場合もあるかと思います。巣台は古くから培われている文化なので（第6章参照）、受け継いでいきたいという方もいるでしょう。

そうした場合、台は最小限の大きさにして、ツバメの巣の縁が台の縁よりはみ出すくらいにするとよいでしょう。あまり台が大きいと死角が増えるので、ツバメにとって好ましくありません。

同様に、衛生面を考慮して、フン受けを検討される場合もあると思いますが、フン受けは常設するのではなく、ツバメが繁殖している間だけ巣の下につけるのが無難かと思います（台も繁殖の間だけにすべきですが、安定化させようとすると着脱不能になることが多い気がします）。

これらの作業は全て、ツバメが抱卵を開始してから行うとよいでしょう。オスだけの頃やペアを形成して間もない頃、卵を産むような時期はツバメもナーバスになっているので、あれこれかまうと嫌がり、極端な場合には別の場所に移ってしまいます。卵を産み切ってから（メスが日中抱卵を開始してから）の方が、そうしたリスクは小さくなります。私たちも新しくアパートを借りるかどうか決めるときは神経質になりますが、実際の生活

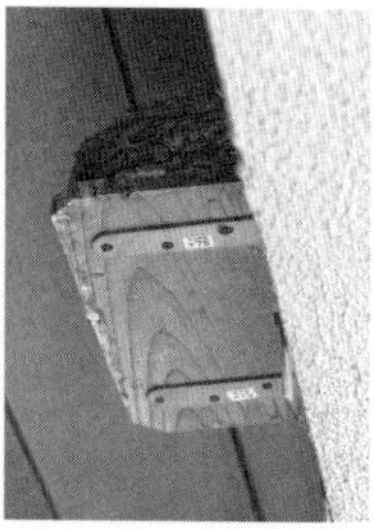

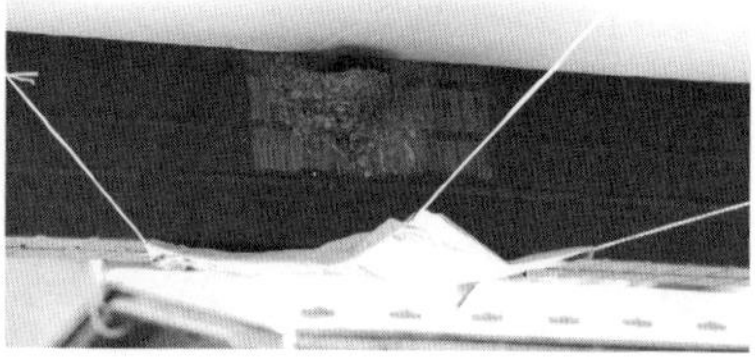

図2 巣台（左）とフン受け（上）。フン受けはヒモを四方に張ることでカラスよけも兼ねている。

が始まると、多少のことは受け流すようになるのと似ています。

当然のことですが、一口にツバメと言っても、気の強いものから繊細なものまでいろいろなタイプがいるので、自分の家に来るツバメの性質を事前に見極めておいた方がよいと思います。些細なことでも「つぴー、つぴー」と警戒の声をあげる繊細なタイプのようなら、何もせずにそっとしておいた方が無難です。

普段あまり生き物に接していないと、このような動物の「パーソナリティ（個性）」を認めることは難しいかもしれません。でも、ツバメに限らず、野生動物は個体差が大きく、臆病なものからおおらかなものまでさまざまです。ちなみに、研究者の間ではこの動物のパーソナリティ研究が近年ブームになっており、その起源や機能までさまざまな研究が進んでいます。

ヒトやイヌの個性を認めて付き合うことで関係が強化されるように、家に来るツバメがどういった個体なのか見極めることも、よりよい関係を築くヒントになると思います。

古巣はどうするか

「古巣についてはどうしたらよいのか」という質問もよく受けます。古巣はなんだか汚いし、虫がわいてそうだし、できれば取り払って綺麗な生活環境を整えてあげたい、という意見も至極もっともです。

ですが、第3章でお伝えしたように、なわばり内の古巣はオスがメスを惹きつけるための重要な要素であり、その場所の質を表す指標になっているので、触らないのが一番だと思います。

明らかに使っていない古巣も、たくさんあれば、捕食者への目くらましとして機能しているかもしれません。ヒトでもそうですが、あまり同時にたくさんの視覚情報を処理するのは大変です。捕食者の脳を混乱させるべく、餌となる生物が群れを作ったり視覚的なダミーを使うのは、動物界ではよくある話です。

実際、新しいなわばりに移る際には、前のなわばりよりも古巣の「数」と「質」がよいなわばりに移るという結果も出ています。前年誰も繁殖しなかったとしても、新しいペアを招く上で古巣は重要になります。なかに孵化しなかった卵やヒナの死骸があっても、親は巣に埋没させたり運び出したりして対処するので、気にする必要はありません。

なお、外から見えるところに古巣があったり、そのような場所に巣を作ることもありますが、ツバメは基本的に、ひさしなどで巣が見えない状態になっているところを好むようです。実際、そうした場所の方が、捕食者から見えず、繁殖もうまくいく場合が多いように感じます。

調査していても、すぐ発見できる巣よりも「こんなところで繁殖してたんだ」という巣の方がうまく巣立つことが多いようです。牛舎内に集団で繁殖するツバメでも、他の個体から見えない位置を好むという報告があるので、他者の視線を外れ、落ち着ける空間というのは大事なのでしょう。

ヒトから見るとわりと邪魔なところに巣をかけることもありますが、できればあたたかく見守っていただけるとうれしいです。

ツバメに来てほしくないとき

逆に、ツバメに来てほしくないという場合もあると思います。基本的には、ここまでに書かれていることと真逆のことをすれば、ツバメにあまり好まれない家になります。

なんとしてでも来てほしくないという場合は、ツバメが巣をかける場所を最初からなくしてしまうのが手っ取り早い方法です。第8章に記したように、巣を作ってから撤去してしまうと甚大な影響がありますし、ツバメが何度も何度も巣を作り直して「賽《さい》の河原の石積み」状態になることもあるので、やめていただければと思います。

具体的には、巣をかけてほしくない場所を紙や布などの柔らかい素材で覆ってしまえば、ツバメが巣をかけることができなくなります。ただ、想像がつくと思いますが、結果としてかなり不格好な感じになります。私の個人的な意見としては、何もそこまでしなくとも、ツバメの巣の1つや2つ、受け入れられる寛容な世のなかになってほしいと思っています。

カラスよけ

ツバメの相談で多いのが、カラスなどの捕食者に食われないようにする対策です。ツバメの繁殖を確認し、ヒナの声が聞こえ、成長を楽しみにした途端にカラスに食べられたなど、憤りの声も寄せられます。

カラスも野生動物ですから、本来はあるがままにすべきで、ヒトが一方に肩入れするのはよくないのかもしれません。しかし、カラスに関して言えば、ヒトのせいで増えてしまったという事情があります。

ゴミを出したのはヒトのせいであり、そのゴミをカラスの食い放題にしたのもヒトのせいであり、ゴミ捨て場が止むを得ずツバメの巣の付近になってしまうのもヒトのせいです。さらに言えば、カラスが十分増えてからゴミを隔離することで、食うに困ったカラスが別のものを食べ始めるのもヒトのせいです。こうした事情を考慮すると、仕方ない場合はカラスよけをするのもおかしなことではないと思います。

カラスを避けるのには、いろいろな方法*が考案されています。「カラスは黄色い物体を怖がる」、「光り物をつけるとよい」など、根拠がなく、むしろ逆効果になりそうな方法もありますが、カラスはツバメに比べて何十倍も大きな生物なので、物理的にツバメだけが通れてカラスが通れない状況を作ることが一番確実な方法だと思います。

ガレージのなかにツバメが繁殖した場合は、ツバメだけ入れる高さにシャッターを開けたり、窓を少しだけ開けるという方法があります。その

*カラスについては『カラス学のすすめ』（緑書房）などいろいろな書籍が出版されている。

ような状況にない場合は、糸や網を張って、カラスだけ通れないようにしてしまうのもよい手だと思います（図3）。カラスも無敵ではありませんから、捕まったり、羽にダメージを受けて飛べなくなったりするリスクを避けます。この対策も先のフン受けと同じく、ツバメが卵を産み切ってからがよいと思います。

このような対策を論じていると、「いっそのことカラスを殺してしまえ」という乱暴な意見も耳にします。しかし、カラスにも日々の生活がありますし、カラスが今そのような嫌われる生活をしているのは、多くの場合、ヒトのこれまでの行いのせいです。

その余波として捕食対策を強いられるのはともかく、カラス自身の生活をヒトの都合で奪ってしまうのは筋違いです。ツバメ、カラス、ヒト、それぞれが気持ちよく生きていけるように工夫するのが大切だと思います。

巣やヒナが落ちたとき

カラスなどに襲われたり、あるいは別の事情により、巣やヒナが落ちてしまうことがあります。「巣が落ちたくらい、またくっつければよいだろう」

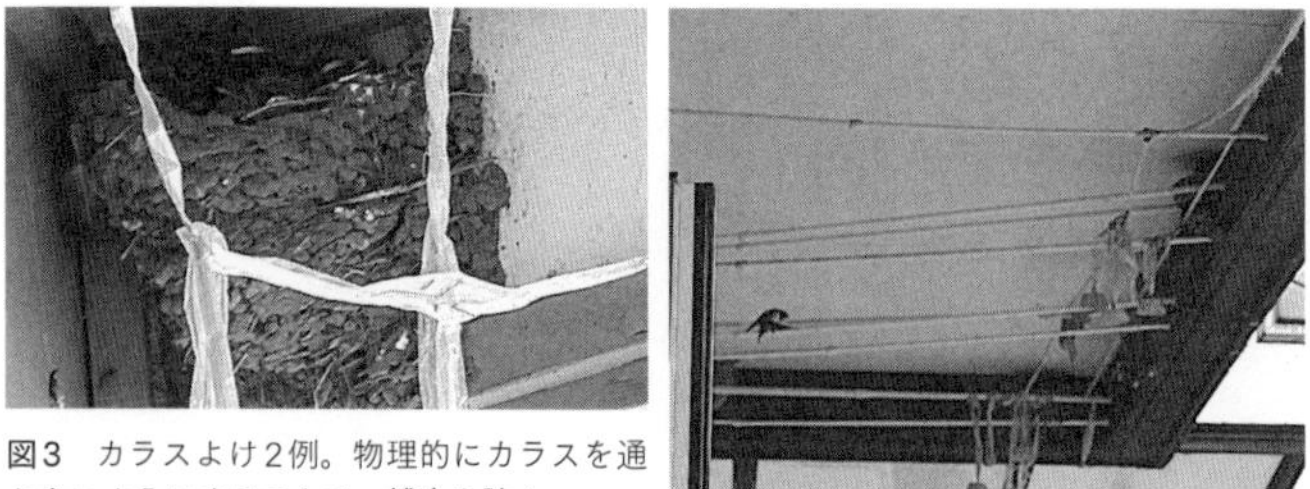

図3　カラスよけ2例。物理的にカラスを通れないようにすることで、捕食を防ぐ。

と思うかもしれませんが、巣は泥を主成分としているので、砂壁のように一度剥がれるとなかなか貼り付けるのが難しいものです。接着剤のついた表面の砂だけが壁につき、残りは取れてしまうこともあります。

このような場合は、巣だけを壁につけようとするのではなく、巣全体を大きくはみ出すように、布テープで壁に貼り付けると案外うまくいきます（図4）。建材にもよりますが、布テープが壁によくくっつくことで、巣そのものへの接着力がなくても落ちにくくなります。

もしくは、思い切って別の素材を使って壁につける手もあります。たまに空箱やカップラーメンの容器が壁に貼り付けてありますが、あれはそういう事情です。親としてはヒナの姿さえ見えていれば、巣の材質にかかわらず、餌をあげに来ることが多いように感じます。見栄えが気になるようなら、市販のツバメの人工巣などを用意しておくとよいかもしれません。

ヒナが下に落ちているときは少々面倒です。まず、そのヒナの羽毛が生え揃っているか確認する必要があります（図5、図6）。既に羽毛が生え揃っていれば、巣から落ちたというより、巣立ちしたためにそこにいる可能性が高いと言えます。

図4　落ちた巣の補修。布テープの「のりしろ」を多くとって壁に貼り付けると、巣自体にテープがうまくつかなくても急場をしのげる（ただし、ヒナや親がテープの接着面にくっつかないように注意が必要）。

ヒナがもう飛べる場合は、不用意に近づくとびっくりして飛んでしまい、車道に出たり、川や水路に落ちたり、親の目の届かないところに行ったりして、かえって状況が悪化します（第4章で紹介した通り、巣立ちビナにも親の世話が必要です）。巣立ちの時期になると「ヒナを拾わないで」という啓蒙ポスターが張り出されるので、既にご存じの方もいるかもしれません。ツバメに関しては、大まかな目安として喉にピンクの羽毛が生えていたら、もう触らない方がよいと思います。

逆に、まだ羽がちゃんと生えていないヒナが落ちていたら、普通に手で拾って巣に戻すか、親から見える高所に置いてあげればよいでしょう。地面などに置くと、ネコなどが持っていってしまいます。第2章でも紹介しましたが、手のにおいがヒナにつくことを心配する必要はありません。

残念ながら、落ちたときに怪我をしていたり、既に衰弱していたりすると、巣に戻しても死んでしまうことがあります。その場合は仕方ないと割り切るしかありません。

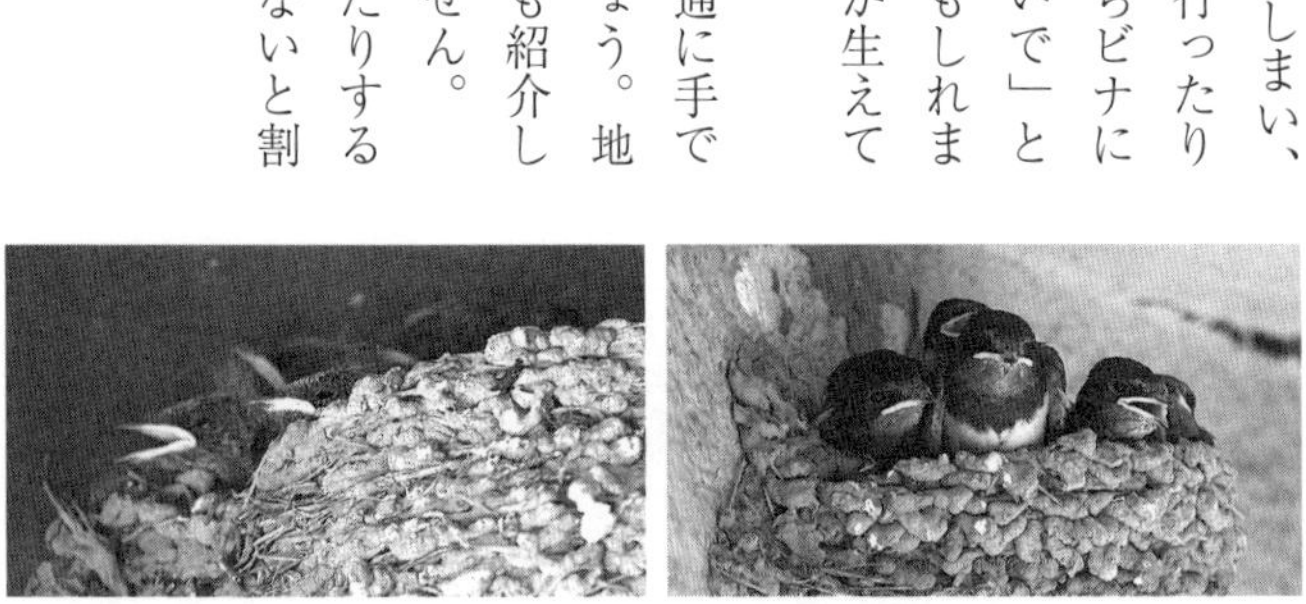

図5　左の写真のように全体的に黒くてボサボサのヒナはまだ飛べないが、右の写真のように喉がピンクで体の羽毛が生え揃っているヒナはもう飛べる状態になっている（羽色は口絵30参照）。

ツバメに好かれる街づくり

ここまで、各家庭におけるツバメに好かれる環境について述べてきましたが、街という単位ではどうでしょうか。最後にツバメが住みよい街づくりについて、少しだけ触れたいと思います。

実際の街づくりは、完全にヒトの都合によって行うもので、少しでも便利に、少しでも効率よくなるように都市計画を作るものです。しかし、最近はそのような効率重視よりも、心豊かな生活を目指す、クオリティオブライフの観点から街づくりを目指す例も増えてきていると聞きます。

ツバメの子育てを見たことがある方なら分かると思いますが、身近にツバメがいることは心豊かな生活をもたらします。逆に、1年でもツバメが来ない年があるとさみしいものです。であれば、実際にツバメが来やすい住環境を整えること、またそのような街を選ぶことがよい効果をもたらすかもしれません。

実際、どのような街づくりが好まれるかというと、科学的なデータはあまりないのが実情です。ツバメが街のなかのどこに住んでいるかという

図6 地面に落ちていた巣立ちビナ。アメリカ旅行中に偶然発見したもので、見慣れない場所で遭遇するとびっくりするが、拾おうとすると状況が悪化する。

データは簡単にとれるのですが、どのような街がツバメを呼び寄せるか、というのはなかなか調べにくい問題だからです。

しかし、アメリカで行われた研究では、「初めて繁殖するような若いツバメは良質な古巣が多い場所に定着する」という報告もあります。家単位と同様、街全体としても「古巣を撤去しない」という選択をするべきかもしれません。

街並みとしては、私の経験上、まっすぐな道が続いている通りでツバメが繁殖することが多いようです。個々の家でもそうですが、あまり街路樹が多いと死角が多くて嫌なのか、ツバメが敬遠するように思います。

近年では、電線を地中に埋めて、ヒトが好ましく思う景観にしているところもありますが、ツバメは見晴らしのよい電線に好んで止まるので、ツバメ的には電線があった方がよいと思います（図7）。私個人としては、電線を地中に埋没することで止まり木をなくしたツバメたちがどのような進化をとげるか（アマツバメのように飛翔生活にさらに特化していくのか）興味がありますが、ツバメにとってはきついだけでしょうから、電線を維持してほしいに違いありません。

図7　電線上でメス（左）に求愛するオスのツバメ（右）。第3章の図3-7（左）の直前。

街という単位で考えるときには、家単位で考えたときには問題でなかった餌場の位置など、なわばりの外での生活も考慮する必要があります。どれだけツバメにとって巣をかけやすい家が並んでいても、そもそも餌がない場所では繁殖して子を育てることはできませんし、第2章で紹介した通り、単に飛翔昆虫さえいればよいというわけでもありません。

有効な餌、特に水生昆虫がとれる環境が近くにあると、住みやすいかもしれません。ツバメはだいたい巣から500mの範囲で餌をとるとされているので、これくらいの距離に川や池などの水場があることがひとつの目安になります（図8、図9）。

現代社会では敬遠されがちな虫ですが、この虫がたくさんいることが、食物網の一端となり、ツバメをはじめさまざまな生物の餌として、地域の豊かな生物相を支えます。虫はいてほしくない、でも（それらを本来食べているような）鳥や哺乳類はいた方が自然を感じられてよい、などと無理を言っても仕方ありません。

ここまで読んでお気づきかもしれませんが、ツバメが求める快適な街は、私たちがイメージする「自然な」街のイメージとは少し違います。自然豊

図8　池や川で採餌することも多い。

かなニュータウンのイメージとしては、電線や電柱などの無骨な存在は表に現れず、緑が豊富で（でも虫はあまりおらず）、また街中での自動車などの暴走を防ぐために直線的な道路は控えめになっているという感じでしょうか。

殺伐としたコンクリートジャングルよりも、木が多い方がなんとなく自然豊かなイメージがあると思いますが、実際どのような環境を好むのかは生物ごとに違います。ヒトが考える「自然」のイメージは各生物にとっての「自然」とは必ずしも一致しないので、誰にとって自然な環境を作りたいのかを意識しないと、ヒトが自己満足するためだけの、他のどの生物にとっても「不自然」な空間を作ってしまうことになりかねません。気がつけば誰もいなくなった、という事態は避けたいところです。

この「おまけ」の章に記したことは基本的には全てヒトのエゴから始まったことであり、野生動物であるツバメに干渉することは本来差し控えるべきです。一方を優遇することで、不遇の身となるものが必ず出てきます。たとえばヒナをカラスから守れば、カラスは食に困りますし、ツバメが生き延びた分だけ飛翔昆虫は多く消費されます。

図9　浮世絵に登場する水辺のツバメ。歌川広重（1857）「名所江戸百景 鎧の渡し小網町」。国立国会図書館ウェブサイトから転載。

しかしヒトとツバメの関係は、ヒトが建築を始めてから、もしかすると洞窟で暮らしているときから累々と続く、持ちつ持たれつの影響し合う関係です。生物学ではお互いが相手の存在によって利益を受ける関係を「共生」と言いますが、まさしくツバメとヒトの関係もこれに当てはまると思います。

これまでことさら意識しなくても続いてきた関係性なので、今さら倫理的にどうだとか、科学的にどうだとかややこしいことを考えずに、ツバメに何かしてあげたいと思ったら、各自ができるだけのことをしてあげるのが、今後もよい関係を続けていく秘訣かもしれません。ヒトに「かわいいやつめ」と思わせるのも、ある種のツバメの能力です。

本章の内容を通じて、少しでも読者がツバメとよい関係を築けていけたらと願います。

もっとよく知りたい方へ（参考文献）

ツバメのことをもっとよく知りたい、あるいは本書に登場した関連テーマについて知りたいという方におすすめの文献です。本文に記載のあるすべての原著論文を紹介しているわけではありませんが、関連の深いテーマ、比較的新しいもの、日本のツバメに関係する文献を優先して紹介しています。大学などの研究機関に所属していなくとも、インターネットなどを活用することで、これらの文献を直接手に入れたり、国会図書館などのサービスを使ってコピーを入手することができます。

ツバメに関しては日本語の書籍もたくさん出ていますが、英語の原著論文や専門書の記載が正確なのでオススメです（英語と聞いてげんなりする方もいるかもしれませんが、科学英語はシンプルな表現で書くことが推奨されていますので、英文自体は平易なものが多いと思います）。

日常生活で原著論文に触れる機会はほとんどないと思いますが、書籍中でさらっとひとことで紹介されている現象のそもそもの情報源であり、着目された経緯や科学的な裏付け、学問全体の中での位置付けなどが無駄なく説明されています。興味が湧いた報告がありましたら、一度手に取っていただければ幸いです。

全体（ツバメの専門書）

- Møller AP (1994) Sexual selection and the barn swallow. Oxford University Press, Oxford.
  ツバメの性選択を初めて実証した著者による初期の研究をわかりやすくまとめた書籍。
- Turner AK (2006) The barn swallow. T & AD Poyser, London.
  ツバメの研究をまとめた書籍。発売年までの情報をほぼ網羅している。

その他おすすめ書籍

- Hill GE, McGraw KJ (2006) Bird Coloration I & II. Cambridge University Press, Harvard.
  最先端の研究者たちが鳥の色とその進化についてまとめた書籍。ちょっと高価だが、平易な英語で書かれていて読みやすい。
- Grant PR, Grant BR (2014) 40 years of evolution: Darwin's finches on Daphne Major Island. Princeton University Press, Princeton.
  ダーウィンフィンチの進化を40年にわたって調べた夫妻の書籍。関連して『フィンチの嘴』という読み物もある。

章別の文献紹介

第1章

- Møller AP, de Lope F (1999) Senescence in a short-lived migratory bird: age-dependent morphology, migration, reproduction and parasitism. Journal of Animal Ecology 68: 163–171.

ツバメの老化についての論文。
- Turner AK, Rose C (1994) A handbook to the swallows and martins of the world. Christopher Helm, London.
世界のツバメの図鑑。見ているだけで楽しい。
- Chantler P, Driessens G (1995) Swifts, a guide to the swifts and treeswifts of the world. Pica Press, Sussex, UK.
世界のアマツバメの図鑑。ツバメと比較すると楽しい。

第2章

- Buchanan KL, Evans MR (2000) The effect of tail streamer length on aerodynamic performance in the barn swallow. Behavioral Ecology 11: 228–238.
尾羽の航空力学を細かく調べた論文。
- Evans MR (1998) Selection on swallow tail streamers. Nature 394: 233–234.
尾羽に航空力学的な価値があると報告した論文。
- Giunchi D, Baldaccini NE (2006) Orientation experiments with displaced juvenile barn swallows (*Hirundo rustica*) during autumn migratory season. Behavioral Ecology and Sociobiology 59: 624–633.
ツバメの磁力感知の論文。
- Hasegawa M, Arai E, Kutsukake N (2016) Evolution of tail fork depth in genus *Hirundo*. Ecology and Evolution 6: 851–858.
燕尾と餌サイズの負の関係を示した論文。
- Hasegawa M, Arai E (2017) Egg size decreases with increasing female tail fork depth in family

Hirundinidae. Evolutionary Ecology 31: 559–569.
ツバメの仲間で燕尾と卵サイズに負の関係があることを示した論文。
• Hasegawa M, Arai E (2018) Convergent evolution of the tradeoff between egg size and tail fork depth in swallows and swifts. Journal of Avian Biology 49: e01684.
アマツバメの仲間でも燕尾と卵サイズに負の関係があることを示した論文。
• Matyjasiak P, Marzal A, Navarro C, de Lope F, Møller AP (2009) Fine morphology of experimental tail streamers and flight manoeuvrability in the house martin *Delichon urbica*. Functional Ecology 23: 389–396.
燕尾の形とサイズそれぞれの飛翔への影響を示した論文。
• Norberg RA (1994) Swallow tail streamer is a mechanical device for self deflection of tail leading edge, enhancing aerodynamic efficiency and flight manoeuvrability. Proceedings of the Royal Society of London series B 257: 227–233.
ハイスピードカメラによる撮影で、燕尾の航空力学的機能を初めて提案した論文。
• Twining CW, Shipley JR, Winkler DW (2018) Aquatic insects rich in omega-3 fatty acids drive breeding success in a widespread bird. Ecology Letters 21: 1812–1820.
餌としての水生昆虫の重要性を示した論文。
• Tyrrell LP, Fernández-Juricic E (2017) The hawk-eyed songbird: retinal morphology, eye shape, and visual fields of an aerial insectivore. American Naturalist 89: 709–717.
ツバメの仲間の目の構造を示した論文。
• Videler JJ, Stamhuis EJ, Povel GDE (2004) Leading-edge vortex lift swifts. Science 306: 1960–1962.
アマツバメの前縁渦を示した論文。

第3章

- Andersson M (1994) Sexual selection. Princeton University Press, Princeton.
性選択の初期の専門書。ツバメの例も出てくる。
- Arai E, Hasegawa M, Nakamura M (2009) Divorce and asynchronous arrival in Barn Swallows *Hirundo rustica*. Bird Study 56: 411–413.
日本のツバメの離婚を調べた論文。
- Arai E, Hasegawa M, Makino T, Hagino A, Sakai Y, Ohtsuki H, Wakamatsu K, Kawata M (2017) Physiological conditions and genetic controls of phaeomelanin pigmentation in nestling barn swallows. Behavioral Ecology 28: 706–716.
ツバメの羽色の遺伝的な制御を示した論文。
- Hasegawa M, Arai E, Watanabe M, Nakamura M (2013) Male nestling-like courtship calls attract female barn swallows *Hirundo rustica gutturalis*. Animal Behaviour 86: 949–953.
オスがヒナに擬態することを示した論文。
- Hasegawa M, Arai E (2017) Negative interplay of tail and throat ornaments at pair formation in male barn swallows. Behaviour 154: 835–851.
コーディネートが大事であることを示した論文。
- Hasegawa M (2018) Beauty alone is insufficient: female mate choice in the barn swallow. Ecological Research 33: 3–16.
これまでに報告されたツバメの性選択全てについての総説。
- Hasegawa M, Arai E (2018) Differential visual ornamentation between brood parasitic and parental cuckoos. Journal of Evolutionary Biology 31: 446–456.
子育てする鳥はかわいいことを示した論文。

- Kojima W, Kitamura W, Kitajima S, Ito Y, Ueda K, Fujita G, Higuchi H (2009) Female barn swallows gain indirect but not direct benefits through social mate choice. Ethology 115: 939–947.
  集団繁殖している日本のツバメで婚外子を調べた論文。
- Møller AP (1988) Female choice selects for male sexual tail ornaments in the monogamous swallow. Nature 332: 640–642.
  燕尾への性選択を初めて示した論文。
- Soler JJ, Cuervo JJ, Møller AP, De Lope F (1998) Nest building is a sexually selected behaviour in the barn swallow. Animal Behaviour 56: 1435–1442.
  オスの巣作りが性選択を受けることを示した論文。

第４章

- Arai E, Hasegawa M, Ito S, Wakamatsu K (2018) Sex allocation based on maternal body size in Japanese barn swallows. Ethology, Ecology and Evolution 30: 156–167.
  大きなメスが娘を生みやすいことを示した論文。
- Boncoraglio G, Saino N (2008) Barn swallow chicks beg more loudly when broodmates are unrelated. Journal of Evolutionary Biology 21: 256–262.
  他のヒナが非血縁者だと、やかましく餌を要求するという論文。
- de Lope F, Møller AP (1993) Female reproductive effort depends on the degree of ornamentation of their mates. Evolution 47: 1152–1160.
  オスが格好良いと、配偶者が子育てに精を出すという論文。
- Grüebler MU, Naef-Daenzer B (2010) Survival benefits of post-fledging care: Experimental

approach to a critical part of avian reproductive strategies. Journal of Animal Ecology 79: 334–341.
巣立ち後の子育ての重要性を検証した論文。

- Hasegawa M, Kutsukake N (2019) Kin selection and reproductive value in social mammals. Journal of Ethology 37: 139–150.
哺乳類で繁殖価の重要性をまとめた総説。
- Hasegawa M, Arai E, Ito S, Wakamatsu K (2016) High brood patch temperature of less colourful, less pheomelanic female Barn Swallows. Ibis 158: 808–820.
日本のツバメの抱卵温度についての論文。
- Romano A, Bazzi G, Caprioli M, Corti M, Costanzo A, Rubolini D, Saino N (2016) Nestling sex and plumage color predict food allocation by barn swallow parents. Behavioral Ecology 27: 1198–1205.
親が子を選り好みするという論文。
- Saino N, Calza S, Martinelli R, De Bernardi F, Ninni P, Møller AP (2000) Better red than dead: carotenoid based mouth coloration reveals infection in barn swallow nestlings. Proceedings of the Royal Society of London series B 267: 57–61.
親がヒナの口の色に応じて餌を与えることを示した論文。
- Saino N, Bertacche V, Ferrari RP, Martinelli R, Møller AP, Stradi R (2002) Carotenoid concentration in barn swallow eggs is influenced by laying order, maternal infection and paternal ornamentation. Proceedings of the Royal Society of London, Series B 269: 1729–1733.
卵へのカロテンの投資と父親の格好良さとの関係を示した論文。
- Saino N, Ambrosini R, Martinelli R, Calza S, Møller AP, Pilastro A (2002) Offspring sexual

dimorphism and sex-allocation in relation to parental age and paternal ornamentation in the barn swallow. Molecular Ecology 11: 1533–1544.
親による性比調節の論文。

第5章

- Hasegawa M (2018) Sexual selection mechanisms for male plumage ornaments in Japanese Barn Swallows. Ornithological Science 17: 125–134.
日本のツバメの性選択についての総説。
- Hasegawa M, Arai E (2013) Divergent tail and throat ornamentation in the barn swallow across the Japanese islands. Journal of Ethology 31: 79–83.
喉や尾羽の特徴が日本列島の南北で違うという論文。
- Hasegawa M, Arai E, Nakamura M (2019) Small and variable sperm in a barn swallow population with low extra pair paternity. Zoological Science 36: 154–158.
日本のツバメの精子の論文。
- Romano A, Constanzo A, Rubolini D, Saino N, Møller AP (2017) Geographical and seasonal variation in the intensity of sexual selection in the barn swallow *Hirundo rustica*: a metaanalysis. Biological Reviews 92: 1582–1600.
ツバメの性選択の地域差とその定量的な比較をした総説。
- Safran RJ, McGraw KJ (2004) Plumage coloration, not length or symmetry of tail-streamers, is a sexually selected trait in North American barn swallows. Behavioral Ecology 15: 455–461.
北アメリカでは羽色に性選択が働くことを示した論文。
- Scordato ES, Safran RJ (2014) Geographic variation in sexual selection and implications for

speciation in the Barn Swallow. Avian Research 5: 1–13.
ツバメの性選択の地域差の総説。

- Smith CCR, Flaxman SM, Scordato ESC, Kane NC, Hund AK, Sheta BM, Safran RJ (2018) Demographic inference in barn swallows using whole-genome data shows signal for bottleneck and subspecies differentiation during the Holocene. Molecular Ecology 27: 1–13.
ツバメのゲノムを用いて、その歴史を調べた論文。
- Voss MA, Rutter MA, Zimmerman NG, Moll KM (2008) Adaptive value of thermally inefficient male incubation in barn swallows (*Hirundo rustica*). Auk 125: 637–642.
オスの抱卵の機能を調べた論文。
- Wilkins MR, Shizuka D, Joseph MB, Hubbard HK, Safran RJ (2015) Multimodal signalling in the North American barn swallow: a phenotype network approach. Proceedings of the Royal Society of London series B 282: 20151574.
個々の特徴それぞれではなく、全体として派手さがどう機能しているか調べた論文。

第6章

- 大田真也（2005）ツバメの暮らし百科．弦書房．
日本のツバメの書籍。
- Turner AK (2016) Swallow. Reaktion Books, London.
1冊まるまるツバメの文化を扱った書籍。

第7章

- Altwegg R, Broms K, Erni B, Barnard P, Midgley GF, Underhill LG (2012) Novel methods

reveal shifts in migration phenology of barn swallows in South Africa. Proceedings of the Royal Society of London series B 279: 1485–1490.
越冬期の振る舞いが渡りの特性に効いていることを示した論文。

- Ambrosini R, Rubolini D, Møller AP, Bani L, Clark J, Karcza Z, Vangeluwe D, du Feu C, Spina F, Saino N (2011) Climate change and the long-term northward shift in the African wintering range of the barn swallow *Hirundo rustica*. Climate Resesarch 49: 131–141.
温暖化によって越冬場所が変わってきているという論文。
- Hasegawa M, Arai E (2017) Natural selection on wing and tail morphology in the Pacific Swallow. Journal of Ornithology 158: 851–858.
１００年に一度の厳冬で見られたリュウキュウツバメの燕尾への選択の論文。
- Hasegawa M, Arai E (2019) Evolution of short tails and breakdown of honest signaling system in the Pacific Swallow *Hirundo tahitica*. Evolutionary Ecology 33: 403–416.
リュウキュウツバメの燕尾進化の論文。
- Matyjasiak P, Rubolini D, Romano M, Saino N (2016) No short-term effects of geolocators on flight performance of an aerial insectivorous bird, the Barn Swallow (*Hirundo rustica*). Journal of Ornithology 157: 653–661. also see the Creative Commons Attribution 4.0 International License (http://creativecommons.org/licenses/by/4.0/)
ジオロケーターがツバメに害を及ぼさないことを示している。
- Møller AP, Hobson KA (2004) Heterogeneity in stable isotope profiles predicts coexistence of populations of barn swallows *Hirundo rustica* differing in morphology and reproductive performance. Proceedings of the Royal Society of London series B 271: 1355–1362.
安定同位体でツバメの出身地とその繁殖成績が説明できるという論文。

- Norris DR, Kleven O, Johnsen A, Kyser TK (2009) Melanin-based feather colour and moulting latitude in a migratory songbird. Ethology 115: 1009–1014.
  換羽の緯度によって羽毛の色が違うという論文。
- Saino N, Romano M, Romano A, Rubolini D, Ambrosini R, Caprioli M, Parolini M, Scandolara C, Bazzi G, Constanzo A (2015) White tail spots in breeding Barn Swallows *Hirundo rustica* signal body condition during winter moult. Ibis 157: 722–730.
  成長線が太いつばめほど大きな白斑を誇示するという論文。
- Underhill LG, Hofmeyr JH (2007) Barn Swallows *Hirundo rustica* disperse seeds of Rooikrans *Acacia cyclops*, an invasive alien plant in the Rynbos Biome. Ibis 149: 468–471.
  ツバメによる種子散布の論文。

第8章

- Brown CR, Brown MB (2013) Where has all the road kill gone? Current Biology 23: R233–R234.
  道路沿いでのサンショクツバメの進化の論文。
- 出口智広・吉安京子・尾崎清明（２０１２）標識調査情報に基づいた２０００年代と１９６０年代のツバメの渡り時期と繁殖状況の比較．日本鳥学会誌61：２７３－２８２．
  日本のツバメの繁殖状況の変化についての論文。
- Engen S, Sæther B-E, Møller AP (2001) Stochastic population dynamics and time to extinction of a declining population of barn swallows. Journal of Animal Ecology 70: 789–797.
  ツバメの繁殖回数と絶滅リスクの関係の論文。
- Hasegawa M, Arai E (2018) Sexually dimorphic swallows have higher extinction risk. Ecolo-

gy and Evolution 8: 992–996.
ツバメの仲間の見た目と絶滅リスクの関係を調べた論文。

- Møller AP (2006) Rapid change in nest size of a bird related to change in a secondary sexual character. Behavioral Ecology 17: 108–116.
ツバメの巣の大きさの変化を長期調査した論文。
- Møller AP (2006) Interval between clutches, fitness, and climate change. Behavioral Ecology 18: 62–70.
1回目と2回目の繁殖の間隔と温暖化の関係を記した論文。
- Møller AP, Szép T (2003) Rapid evolutionary change in a secondary sexual character linked to climatic change. Journal of Evolutionary Biology 18: 481–495.
ツバメの尾羽の進化を長期調査した論文。
- Osawa T (2015) Importance of farmland in urbanized areas as a landscape component for barn swallows (*Hirundo rustica*) nesting on concrete buildings. Environmental Management 55: 1160–1167.
都市とツバメの関係が記されている論文。
- Saino N, Szép T, Ambrosini R, Romano M & Møller AP (2004) Ecological conditions during winter affect sexual selection and breeding in a migratory bird. Proceedings of the Royal Society of London series B 271: 681–686.
越冬環境が繁殖に与える影響を示した論文。
- Teglhøj PG (2017) A comparative study of insect abundance and reproductive success of barn swallows *Hirundo rustica* in two urban habitats. Journal of Avian Biology 48: 846–853.
都市がツバメの繁殖に与える影響についての論文。

おまけ

- Fujita G, Higuchi H (2011) Effect of neighbour visibility on nest attendance patterns of barn swallows *Hirundo rustica* in loose colonies. Ibis 153: 858–862.
  日本で集団繁殖するツバメでの巣場所選びの論文。
- Safran RJ (2004) Adaptive site selection rules and variation in group size of barn swallows: individual decisions predict population patterns. American Naturalist 164: 121–131.
  ツバメの巣場所選びの論文。
- Ueta M (1994) Azure-winged magpies, *Cyanopica cyana*, 'parasitize' nest defence provided by Japanese lesser sparrow hawks, *Accipiter gularis*. Animal Behaviour 48: 871–874.
  オナガが猛禽の近くに巣をかけるという論文。

■著者

長谷川 克（はせがわ まさる）

日本学術振興会博士特別研究員（RPD）／石川県立大学環境科学科 客員研究員
1982年石川県生まれ。2011年筑波大学大学院生命環境科学研究科博士課程修了。博士（理学）。2011年筑波大学・特別研究員、2011年Arizona State University/Research fellow、2013年総合研究大学院大学特別研究員、2015年日本学術振興会博士特別研究員を経て、2022年4月より現所属。専門は行動生態学、進化生態学。ツバメについて調べた数多くの論文が評価され、2016年に日本生態学会鈴木賞、2017年に日本鳥学会黒田賞を受賞している。著書に『ツバメのせかい』（緑書房）、『はじめてのフィールドワーク③日本の鳥類編』（共著、東海大学出版）など。
コラム：第2章 ツバメと進化、第5章 ツバメの燕尾論争、第6章 寄生虫と「赤の女王」

■監修者

森本 元（もりもと げん）

（公財）山階鳥類研究所 研究員／東邦大学 客員准教授 ほか
1975年新潟県生まれ。2007年立教大学大学院理学研究科博士後期課程修了。博士（理学）。立教大学博士研究員、国立科学博物館支援研究員などを経て、2012年に山階鳥類研究所へ着任し2015年より現職。専門分野は、生態学、行動生態学、鳥類学、羽毛学など。鳥類の色彩や羽毛構造の研究、山地性鳥類・都市鳥の研究、バイオミメティクス研究、鳥類の渡りに関する研究などを主なテーマとしている。著書に『ツバメのせかい』『知って楽しいカワセミの暮らし』（いずれも監修、緑書房）など。

■コラム執筆

若松 一雅（わかまつ かずまさ）

藤田医科大学医療科学部 名誉教授
1953年愛知県生まれ。1979年名古屋大学大学院理学研究科修士課程修了。1986年理学博士（名古屋大学）。1995年博士（医学、藤田保健衛生大学）。1995年英国ニューキャッスル大学医学部皮膚科学教室留学。『Nature』、『Science』にも論文が掲載された皮膚科学、神経化学の第一人者。藤田保健衛生大学（現：藤田医科大学）医療科学部の教授（化学）のほか、日本色素細胞学会事務局長、日本色素細胞学会会長を歴任。現在、国際色素細胞学会連合理事を務める。2017年国際色素細胞学会連合よりTakeuchi Medal受賞。2020年清寺 眞記念賞受賞。2019年より現職。
コラム：第3章 現世の動物や化石中のメラニン色素

新井 絵美（あらい えみ）

日本学術振興会博士特別研究員（RPD）／総合地球環境学研究所 外来研究員
1982年群馬県生まれ。2015年東北大学生命科学研究科博士課程修了。博士（生命科学）。総合地球環境学研究所研究員を経て、2023年より現所属。専門は分子生態学。
コラム：第4章 ゲノミクスが明かす美しさと質の関係

ツバメのひみつ

Midori Shobo Co.,Ltd

2020 年 3 月　1 日　第 1 刷発行
2023 年 7 月 10 日　第 4 刷発行

著　者	長谷川 克
監修者	森本 元
発行者	森田 浩平
発行所	株式会社 緑書房 〒 103-0004 東京都中央区東日本橋 3 丁目 4 番 14 号 TEL 03-6833-0560 https://www.midorishobo.co.jp
編　集	秋元 理
デザイン・編集協力	リリーフ・システムズ
印刷所	図書印刷

ISBN978-4-89531-419-0　Printed in Japan